Para mi buen amigo Javier

(firma de Iván Guerrero Vasallo)

LA CIUDAD DEL CONOCIMIENTO

IVÁN GUERRERO VASALLO

LA CIUDAD DEL CONOCIMIENTO

de buena tinta

de buena tinta
Carretera de Fuencarral, 14
Bloque 1. Oficina F-8.
28108 Alcobendas (Madrid)
Teléfono: 91 594 09 22
www.edicionesdebuenatinta.com
info@edicionesdebuenatinta.com

Diseño de cubierta: O3com

Primera edición: junio de 2013

Depósito Legal: M-15822-2013
ISBN: 978-84-941273-4-2

Composición: Francisco J. Arellano
Impresión: Publidisa
Impreso en España — Printed in Spain

ÍNDICE

PRÓLOGO

¿De dónde venimos? El ser humano, desde el principio de los tiempos, se ha hecho siempre esta pregunta que, para mí, es de capital importancia. No sé si se habrá respondido ya... puede que sí. Soy una persona que siempre, o al menos casi siempre, quiere llegar al meollo de las cosas. En Historia hago lo mismo: me pongo a leer, por ejemplo, sobre una civilización, e intento, sin detenerme, llegar al principio mismo de cada historia.

Cuando llego a ese «principio», decorado u oculto tras el manto de los mitos y las leyendas, se da uno cuenta (tras, obviamente, haber leído otros «principios» de otras civilizaciones), de que hay «muchos pasados o recuerdos pasados del origen de sus civilizaciones muy similares entre civilizaciones de la tierra». De ir vestidos apenas con pieles, a ir vestidos con túnicas, de vivir en poco más que chozas a casas de barro y en ciudades (fortificadas), éstas con un alto nivel en organización tanto política como económica, militar, etc.

Da igual en qué punto estén, casi siempre, y según esas civilizaciones, es un pasado similar. Pero, ¿cómo pueden tener unos orígenes tan parecidos? ¿Acaso sólo por el comercio?

Es a través de los mitos y las leyendas de cada pueblo como se descubre y se lee entre líneas su pasado, pues son como «restos» que quedan de ese mismo pasado, en gran parte «olvidado», pues, como si no se refresca la memoria de vez en cuando, el ser humano tiende a olvidar fácilmente lo aprendido, no por vaguedad o escepticismo (¿o sí?), pero es que la Historia es muy larga y si durante mil años, por ejemplo, no se dice una palabra de esos tiempos remotos, se olvida, sin más. De ahí el dicho de «El tiempo hace el olvido».

Algún día lo descubriremos, eso espero; confío en el gran trabajo y esfuerzo que hacen muchos arqueólogos por todo el mundo, pues yo creo que será beneficioso para la Humanidad conocer sus orígenes de una vez por todas para poder afrontar el futuro con más optimismo y confianza hacia la vida.

EL AUTOR

INTRODUCCIÓN

Escribí esta novela motivado simplemente por mi gran interés en estos temas, que son un misterio o están casi desconocidos para el ser humano, como es el misterio de nuestro origen, algo, a mi juicio, apasionante.

No quiero arrojar ni más ni menos luz sobre esos temas: sólo quiero que cuando acabe de leer este libro, querido lecto, a ser posible se haya despertado en Ud. un poco la curiosidad por ellos.

Como comprobará, me he querido centrar en lo que es para mí el tema principal de esta novela, en la ciudad perdida, dejando con ello un poco de lado descripciones más detalladas de los lugares por donde transcurren los personajes.

Hay muchos datos escritos a mi libre albedrío y, por supuesto, no hay que tomarlos al pie de la letra. Se debe ver el libro como lo que es, una novela, y no como un ensayo.

El lenguaje utilizado en la misma, sobre todo en la parte de las memorias de Juan, ciertamente tiene poco que ver con el utilizado en el siglo XVI. Simplemente lo hice para «llegar» mejor a vosotros, los lectores, pudiéndolo leer como si el que hablase fuera un hombre de nuestros días.

Para terminar, me encomiendo a tu benevolencia, amigo lector.

CAPÍTULO I

España, año del Señor de 1517. En Europa, concretamente en Francia, ocupa el trono Francisco I, el que será desde el primer instante enemigo acérrimo de la España de los Austrias. Sin embargo, muchas de las cosas relacionadas con esto eran ajenas en el pueblecito de Colindres, regido por el alcalde mayor Don Luis de Herrera, hombre bondadoso y bienintencionado.

Don Luis era hombre alto para su época y robusto como el que más. Había llegado a alcalde simplemente por su bondad, cosa rara en la época. De joven, se había ganado la vida junto con su padre en la mar. «Una vida dura», comentaba. Pese a ello, siempre terminaba diciendo: «Pero gracias a ella, soy el hombre que conocéis hoy día». Llevaba unos diez años en el cargo, elegido por la mayoría del pueblo y siempre ratificado por la Corte. Era un hombre que prestaba dinero al que lo necesitaba, ayudaba a los pobres y nunca tuvo envidia de nadie. Vivía con su mujer e hijos en una casita sin lujos de ningún tipo cerca del puerto. Sus mayores bienes eran esa casa, una huerta pequeña y su familia.

Su esposa, Doña Carmen Girón, era una mujer de carácter despierto y nervioso, físicamente algo feúcha, pero con unos ojos marrones oscuros tan penetrantes que cuando estaba enfadada y te miraba, parecía que le iban a salir dos espadas que te cortarían en dos. Le reprochaba casi continuamente a su marido su ligereza con el dinero. Don Luis agachaba la cabeza y no decía nada ya que sabía perfectamente que su mujer tenía razón. Pero, por lo demás, no podía quejarse de más cosas de él ya que, según ella, era el «hombre perfecto», y que por ello, solía comentar a sus hijos, le amaba de toda la vida, desde que se conocieron cuando eran niños.

Sus hijos eran Carlota y Juan. Ella, de dieciocho años, era la más inteligente de los dos. Aprendió a escribir a los dos años y siempre fue una alumna aplicada. Muchos decían que era algo superdotada, pero ni ella misma lo creía así. Quería estudiar latín y jurisprudencia y ser la primera juez mujer. Ese era su sueño. Lo iba a tener difícil en un mundo como aquel y en una época como aquella, exclusiva para los hombres. Ella no se rendía, e iba a presentarse ese mismo año a la prestigiosa Universidad de Salamanca para realizar su sueño. Su familia estaba encantada con ella y la apoyaba en esos propósitos. Era ya una mujercita, guapa y enamoradiza. Con la autorización de las respectivas familias, salía con Pedro, el hijo de un comerciante local. Estaban muy enamorados, y cuando ella volviera de acabar sus estudios, seguramente se casarían. Juan, su hermano, era todo lo contrario. Tenía veinte años, físicamente era muy parecido a su padre, alto y fuerte, pero con los ojos de su madre. Decía que era una mezcla de su padre y su madre. Ayudaba a Don Luis en la huerta a sacar patatas y otro tipo de hortalizas.

Acabó el colegio y luego se dedicó un poco a holgazanear. Su padre quería que fuese o soldado o sacerdote. El joven era muy soñador y con ganas de aventura, así que la profesión de soldado no le disgustaba nada. El problema consistía en que no se decidía a partir. Ese era uno de sus grandes problemas: confiaba poco en sí mismo. Era un chico de contrastes: podía tener una genial idea, pero se cansaba enseguida y no persistía en ella, cosa ésta que siempre le reprochaba su familia, en concreto su hermana, con la que tenía una relación muy buena, y en la que se confiaban todo tipo de secretos. De todas formas, poco a poco iba luchando contra ese «mal» y lo iba venciendo. Para el próximo año tenía decidido ya ir a las Indias, donde su padre tenía un amigo del pueblo que era alcalde de un asentamiento de La Española.

Lo que no sabían es que toda esa vida, con algunos sueños de paso, iba a cambiar de manera drástica hasta convertirse en un verdadero infierno en la tierra. A espaldas del pobre Don Luis se estaban concentrando fuerzas conspiradoras, unidas por la envidia, para acabar con él.

Desde hacía un año, se había lanzado el bulo de que Don Luis era un agente que trabajaba para los franceses, cosa falsa, no dando éste importancia alguna a tal patraña. Ni siquiera había hecho investigar quién había soltado tal majadería. No hacía caso de los rumores y, menos aún, siendo falsos. «Como vienen se van por el simple hecho de ser mentiras», comentaba. Pero, este rumor en concreto, que no era uno más como los otros, se había ido extendiendo de una manera sorprendente, no sólo por todo el pueblo sino también por casi toda Castilla hasta llegar a la Corte. Y por ello era harina de otro costal.

Fue increíble lo rápido que se había extendido esa mentira, pero aquello era fácil de explicar. España llevaba luchando contra Francia desde los albores del siglo y los espías de ambas naciones campeaban a sus anchas por las dos cortes, siendo en muchos casos perseguidos y ejecutados para que no enviaran sus informes. Quien ayudara a reconocerlos como tales en pueblos o ciudades, aparte de creerles (fuera verdad o mentira, eso daba igual), se les recompensaba. Así que la gente tenía que aguantar, de vez en cuando, una verdadera «caza de espías».

* * *

En aquellos momentos, el pueblecito de Colindres estaba en silencio, era de noche, y la luna apenas iluminaba debido a que estaba siendo ocultada por las nubes. En ese ambiente se desataría la tragedia.

Un grupo de soldados no muy numeroso, que parecían salidos de entre la misma oscuridad, rompieron el silencio nocturno con el ruido que hacían sus armas al entrechocar con sus armaduras cuando avanzaban por la calle. De pronto, a la orden de su oficial levantando la mano, se detuvieron delante de una casa de fachada color gris con una pequeña puerta y una sola ventana. Era la de Don Luis y su familia. El oficial, de quien lo poco que se podía distinguir eran sus símbolos de mando, empezó a hablar entre susurros a los soldados que ya se empezaban a ver que debían de ser unos seis, siete con su jefe, dándoles alguna clase de orden. En ese momento, uno de ellos preguntó en voz un poco alta sin darse cuenta...

—¿Y qué ha hecho ese desgraciado?

Rápidamente, sin casi pensárselo, el oficial le tapó rápidamente la boca con un gesto y le mandó callar. Éste le respondió en voz que apenas se oía:

—¿Qué más da lo que haya hecho? Las órdenes son cogerle y ponerle los grilletes. Atente al plan que te he explicado hace un momento, que no creo que sea tan difícil de comprender, ¿no?

El soldado se asustó por el brusco agarrón que no esperaba de su oficial a quien parecía salírsele los ojos de sus órbitas.

—¡Vamos! —dijo esta vez el oficial, soltando al mismo tiempo la cara del soldado, sin importarle ya que le oyeran.

El edificio fue asaltado con decisión. De una sola patada, uno de los soldados acabó con la puerta, arrancándola de cuajo de sus goznes. Entró en tromba la tropa con su oficial a la cabeza. El oficial avanzó y observó a los ocupantes, Don Luis, su mujer e hijos, que se encontraban cenando. Estos miraron hacia la tropa con cara de sorpresa. El alcalde mayor se levantó de la mesa preguntando:

—¿Qué pasa aquí? ¿Qué forma es ésta de entrar en mi casa?

—¿Es usted Don Luis de Herrera, alcalde mayor de este pueblo? —preguntó el oficial.

—¡Si, soy yo! —respondió Don Luis.

—¡Por orden de Su Majestad el Rey, será usted enviado a una prisión a la espera de ser juzgado por el cargo de alta traición! —dijo el *caracortada*.

—¿Qué? ¿Alta traición, yo? ¡No puede ser! ¡Es mentira! —gritó Don Luis.

—¡Lleváoslo! —gritó con fuerza el oficial de la cicatriz.

Antes de que dos soldados agarraran y engrilletaran al alcalde mayor de Colindres, tanto su mujer como sus hijos saltaron de la mesa abalanzándose sobre el caracortada y los soldados, intentando que no se llevaran al cabeza de familia, pero el resto de los soldados frenaron el empuje de los afectados. Doña Carmen acabó en el suelo de un bofetón de uno de ellos y a sus hijos les tocó parecida suerte. Don Luis seguía gritando que no era un traidor hasta que le taparon la boca con un pañuelo que tenía el oficial. La familia no paraba de llorar y suplicar que no se lo llevaran, aunque no servía de nada ya que los soldados sólo cumplían órdenes.

«¿Quién ha dicho a la Corte que soy un traidor? ¿Será por el estúpido bulo de que soy agente de los franceses?

¿Con qué fin? ¿Qué he hecho para merecer este trato?», se preguntaba Don Luis mientras era conducido amordazado a un carro de caballos de su propiedad que había sido requisado para trasladarle a la prisión. Un grupo de vecinos se había acercado hasta la casa al oír algo de alboroto, dándose cuenta rápidamente de lo que pasaba. No salían de su asombro. Empezaron las murmuraciones, por qué esto, por qué lo otro... Uno de ellos, llamado Fernando, amigo de infancia de Don Luis, de su misma edad pero más enclenque y desgarbado y con una nariz que desafiaba la ley de la gravedad, se acercó al oficial preguntándole por qué se llevaban a su alcalde. El oficial le comunicó que sería juzgado por alta traición.

—¿Por alta traición? Don Luis no es un traidor, ¡eso, perdóneme, es ridículo! —dijo Fernando.

—Eso lo tendrá que juzgar un juez —dijo el caracortada mientras subía a un brioso caballo negro.

—¡No se creerán que nos vamos a quedar de brazos cruzados mientras cometen semejante barbaridad, iremos donde el mismo juez a hablar con él y aclarar esto! —volvió a decir Don Fernando.

—Hagan lo que quieran, yo sólo cumplo órdenes, amigo —respondió el oficial mirando desde el caballo a Don Fernando, con los ojos que se le podían ver inyectados en ira.

Al poco de acabar de mirar a Fernando, el oficial dio la orden de ir adelante, moviéndose pesadamente el carro tirado por dos caballos, algo famélicos, y conducido por dos soldados, con Don Luis y el resto de la tropa detrás. Don Luis miraba hacia atrás, a su familia, resignado a su suerte. La familia se había quedado en la puerta junto con los ciudadanos que se habían reunido a ver qué sucedía. Doña Carmen respondía a los vecinos las preguntas sobre lo que estaba sucediendo al tiempo que gritaba mirando a su marido, que empezaba a dejar de distinguirse por la distancia que había cogido el carro...

—¡No te preocupes por nada, Luis, hablaremos con el juez Pablo y se resolverá esto, ya verás! —le dijo a su marido cayendo luego de rodillas al suelo y llorando si parar, seguida de sus hijos que la rodearon con sus brazos, llorando con ella. Unos minutos después, secándose las lágrimas con su pañuelo, comentó a sus hijos:

—¡Vamos, hijos, tenemos que ir donde el jefe de la guardia... se lo llevan a Don Pedro!

Los ciudadanos reunidos, que no serían más de diez, debido quizás a la hora y a la lejanía con respecto al centro del pueblo, dijeron que también irían con ellos. Don Fernando, que parecía que se había convertido en el portavoz de los vecinos, dijo:

—Hay que ir donde Don Pedro, sí, pero también hay que enviar una carta tanto a las Cortes castellanas como al mismo rey para ayudar a Luis. Yo me encargaré de ello.

—Gracias, Fernando, siempre has sido un gran amigo de mi marido —dijo Doña Carmen.

—No hay de qué, son horas duras para todos nosotros; es en estos momentos cuando tenemos que ayudarnos todos... hacer una piña. Todavía no salgo de mi asombro, me he quedado de piedra por todo esto —volvió a decir Don Fernando, despidiéndose y marchando con paso resuelto en dirección a su casa.

Doña Carmen y sus hijos entraron en la casa. Antes, la mujer había dado las gracias a todos los que se habían reunido por querer ayudarlos. Al principio les decía que se fueran a sus casas a dormir. No les quería molestar con sus problemas ya que, les tranquilizaba, no pasaría nada y se aclararía todo rápidamente y su marido sería puesto en libertad en poco tiempo. Los vecinos dieron la razón a Doña Carmen, volviendo poco a poco a sus respectivas. Don José también, pero antes diciéndole que si tenían algún problema, fueran donde él, que gustoso les ayudaría.

* * *

Mientras tanto, Don Luis llegaba al lugar del pueblo donde estaba el cuartelillo de la guardia local de Colindres, en la Calle del Zorro. El carro paró delante del cuartel y dos guardias le bajaron del vehículo entrando inmediatamente en el recinto. Le sentaron en una ruin silla cuyas patas parecía que se iban a romper en cuanto se sentara algún pobre diablo. En ella fue sentado, con cierta agresividad, por uno de los guardias —todo hay que decirlo—, sin que, sin embargo, le ocurriera ningún percance; la silla aguantó, y eso que era un hombre de cierto peso. Enfrente se encontraba una gran mesa en la que escribía el jefe de policía local, Don Pedro, uno de los hombres «de ley» que utilizaba unos métodos muy poco convencionales. Su maltrato de reos estaba acorde con su físico, ya que medía unos dos metros de altura. Utilizaba la tortura como si se estuviera todavía en la Edad Media. Al principio, Don Luis había intentado aconsejarle para que no utilizara esos métodos brutales. La respuesta de Don Pedro fue enviar una carta a su protector, el juez de la zona, Don García, un hombre con amplios contactos en las altas esferas, comentándole el caso e, ironías de esta vida, demonizando a Don Luis. Éste intentó con el tiempo relevarle y poner a otra persona «más humana», y menos idiota, que es como consideraba también a Don Pedro, en ese puesto. Esto, como es fácil de suponer, fue imposible de conseguir.

Así que al ver a su futura víctima, se puso muy contento, y eso que era difícil ver a Don Pedro con una sonrisa en la cara.

—¿El viaje ha sido de su agrado, Don Luis? —preguntó irónicamente el jefe de policía.

—¿A usted qué le parece, Don Pedro? —contestó Luis al poco de que le desenmordazaran. Don Luis estaba blanco como la leche, intentando que no se le viera tembloroso, cosa que apenas conseguía. El jefe de la guardia se dio cuenta de ello arqueando la ceja y haciendo una mueca como para sonreír.

—Lo siento en el alma, Don Luis... Mis chicos, ya sabe, son un poco duros con los prisioneros, pero no se preocupe, que a partir de ahora está en mis manos y no le ocurrirán más atropellos. Tiene mi palabra. Además, somos amigos, ¿no? ¿Me ve a mí, acaso, tratar mal a mis amigos?

—A sus amigos, no creo, a otra gente, puede —contestó desafiante Don Luis.

El jefe de la guardia cambió su gesto amigable por uno más duro, el que le era más conocido, echándole una mirada furibunda al reo y preguntándole:

—¿Qué quiere decir con eso, Don Luis? ¡Que mato, asesino, y cosas por el estilo, sin detenerme a pensar que enfrente tengo seres humanos y no animales? ¿Eso es lo que me quiere decir?

—Yo no acuso, sólo digo lo que hay. Siempre le dije que sus métodos no eran acordes con su... —Don Pedro no le dejó terminar la frase.

—¡Mis métodos! ¡Siempre con la misma cantinela! ¿Qué se cree que es esto... un hotel de lujo? Aquí vienen delincuentes, señor mío, que siempre parece olvidársele, vienen desde ladrones a asesinos, la mayoría violentos, luego sólo entienden la violencia... es su lenguaje, ¿entiende lo que le digo? Así que no me dé lecciones de humanidad. Me hubiese gustado verle a usted en mi puesto, a ver lo que hubiese durado su supuesta humanidad —al querer hablar con tanta fuerza y decir tanto en tan poco tiempo, Don Pedro se trababa al hablar y «tartajeaba» un poco... era lo que le ocurría cuando estaba nervioso o estaba muy enfadado.

Cuando parecía que iba a acabar de hablar, ya algo más calmado, remató:

—Esta charla ya la hemos tenido demasiadas veces, me aburre. Además, está aquí como un preso más y no como alcalde mayor, así que atengámonos a la situación que nos compete ahora, ¿de acuerdo?

Don Luis empezaba a estar más calmado. Mientras hablaba el jefe de la guardia, al que ya apenas escuchaba, él pensaba que su caso sería resuelto en pocas horas. También había estado observando que el caracortada, ya más visible gracias a la luz del recinto y estar bastante cerca de él como para poder verle con claridad, tenía el uniforme de oficial del Ejército, no de un simple guardia. Y eso le inquietaba. Después de eso respondió a la pregunta que le formulaba Don Pedro.

—Me parece bien, quiero acabar con esto de una vez y volver cuanto antes a mi casa... ya se nos ha asustado bastante. La broma tiene que acabar —comentó.

—¿Broma? Esto no es ninguna broma, Don Luis. Esto es muy serio, estamos aquí porque usted ha sido acusado de ser un traidor a su patria —le replicó Don Pedro apuntándole con su largo dedo que parecía que iba a meter en el ojo del alcalde mientras intentaba ponerse mejor en la silla en que estaba sentado y en la que apenas cabía.

—Pero, ¿quién me acusa de traidor a mi rey? Yo no soy ningún traidor y no hago tratos con traidores a nuestro rey —replicó enfadado Don Luis.

—Pues eso no es lo que dice este papel —Don Pedro, puso, de un golpe sobre la mesa, un papel sellado con lacre y en el que había estado escribiendo.

Don Luis lo leyó despacio y con interés, como solía hacer

con cualquier documento importante. Su cara, según iba leyendo, era de incredulidad. Al llegar al final de la lectura, miró firmemente a Don Pedro y exclamó:

—¡Esto no puede ser verdad! ¡Es imposible! ¡Me acusa encima mi propio amigo Fernando de ser un agente francés! ¿Qué pruebas hay para semejante acusación, para tal mentira?

—Pues ya ve, ha sido acusado, como bien dice ahí, y ha dicho de usted ser un agente que trabaja para Francia; además, ha sido acusado por un buen amigo suyo que dice tener pruebas para exponerlas ante un tribunal que pondremos aquí, en el mismo pueblo, y no tendrá Ud. que desplazarse mucho, pues el juez Don García está por estos lares, como Ud. bien sabrá. Ha tenido suerte en algo, ¿ve? Así que pasará la noche en el calabozo y mañana será enviado ante nuestro juez. Esto es lo que hay —sentenció Don Pedro.

Don Luis se había quedado mudo, no sabía qué decir, sólo pensaba y daba vueltas a la cabeza para intentar obtener una respuesta «lógica» de todo aquello. Ese papel le incriminaba. Don Fernando, ¿por qué?, ¿con qué fin? Que él se acordara, nunca había tenido ningún percance con él, ningún problema... Además, Don Luis vio que había tres firmas en ese papel, la de Don Pedro, la de Fernando y la de otra persona con la que hacía varios años no había vuelto a coincidir, pero que conocía. Era la firma de Don Julián de Montesinos, alto magistrado de la Corte. Con esa firma se daba a entender que había llegado a la misma Corte, que se había materializado el rumor, convirtiéndose en cosa muy seria. Si haía sidoa firmado por él, y con ello dado el visto bueno de la acusación particular, Don Luis lo tenía crudo, pues ya no era una cosa de un simple bulo o una simple confusión. No, era ya algo más gordo, y la sentencia estaría ya dictada por Don Julián, así que el juicio, que se celebraría al día siguiente, para poco o nada valdría. Y encima, para poner mejor las cosas, por lo que se ve, iba a dirigir el juicio Don García, cuya mujer detestaba Luis y la que controlaba totalmente a su marido. Cuando Don Luis estaba sumido en esos negros pensamientos, llamaron a la entreabierta puerta del despacho.

—¡Pase! —dijo Don Pedro con fuerza.

—¡Señor, son Doña Carmen y sus hijos, que quieren hablar con usted! —dijo el soldado.

—¡Ah, Doña Carmen y sus hijos! Que pasen, que pasen.

Doña Carmen entró en el despacho con sus hijos Juan y Carlota con aire, se podría decir, de tranquilidad, pensando que ya estaba todo arreglado, cosa que, se daría cuenta rápidamente, no era así, simplemente mirando la cara de su marido que había girado la cabeza para saludarlos, moviéndola de abajo hacia arriba.

—¿Todo aclarado, Luis? —preguntó a su marido.

—Para mí no, pero es difícil de explicarse. Me han condenado sin apenas poderme defender...

—¿Cómo que se te ha condenado sin poderte defender? No digas tonterías.

—Toma, coge este papel y te darás cuenta de lo que te digo, Carmen —sentenció Don Luis.

Doña Carmen y sus hijos agarraron el papel casi al mismo tiempo, como si les fuera la vida en ello, como si fueran ellos los que estaban siendo incriminados. Doña Carmen dijo a los pocos segundos:

—¡Pero esto no puede ser! ¡Tiene que haber un error! ¡Agente de los franceses, mi marido! ¡Pero cuántas tonterías hay aquí escritas, por Dios...!

—No son tonterías, señora —intervino Don Pedro visiblemente molesto—. Ese papel ha sido firmado por un vecino del pueblo, por mí y por un alto magistrado, Don Julián de Montesinos. Luego, ya no es un vulgar documento, ¿entiende?

—Pero usted mismo conoce a mi marido, ¿qué pruebas son esas para incriminarle? Y Don Fernando, ¿a qué fin dice esas barbaridades de Luis? No lo entiendo.

—Como le dije antes a su marido, es lo que hay. Mañana se presentará ante el juez a las nueve de la mañana. Es su oportunidad de defenderse de esas «mentiras» que ustedes dicen que son —argumentó Don Pedro, que con gesto de cabeza, manda al caracortada llevarse al calabozo a Don Luis con dos guardias del pueblo.

—No te preocupes, querido, iré a hablar con Don García para aclarar todo este despropósito, ¿de acuerdo? —le preguntó Doña Carmen sin encontrar respuesta alguna de su marido, que iba con la cabeza gacha, apenas sin esperanzas, hacia su celda. ¿Él intuía, quizá, que habían tejido una red alrededor suyo para acabar con su alcaldía en el pueblo? Era lo único que se preguntaba. Sus hijos lloraban. Doña Carmen abrazó a los dos a la vez, diciéndoles:

—No os preocupéis, hijos, veréis cómo se arregla todo, ya veréis... —decía esto mientras echaba una mirada dura a Don Pedro, que seguía sentado como si nada, con una sonrisa irónica en su rostro.

Doña Carmen no era tonta y sabía qué estaba pensando su marido como si sus mentes estuvieran conectadas. También pensaba que alguien les estaba haciendo una jugarreta, para quitar a su marido de en medio. Tenía que ser alguien con grandes contactos… cómo se explicaría que el alto magistrado de la Corte incriminara a su marido, dando el visto bueno a la declaración de Don Fernando, sin apenas detenerse a pensar si era cierta o no la acusación. Y Don Fernando, que había sido casi como un hermano para su marido y ella... ¿por qué él?, ¿con qué objetivo? ¡Vaya con Don Fernando!, que hacía un momento había dicho que eran «momentos duros para todos» y que había que «hacer una piña», parecía que había mostrado su verdadera cara. Siempre había avisado a su marido para que dejara la política, pues ya llevaba demasiado y había muchos rumores alrededor de su persona, de todo tipo. Con estos pensamientos estaba cuando le dijo Don Pedro:

—¡Mañana será un día duro para usted y su familia!

Ahora que ya no estaba su marido, y sin poderse callar por más tiempo, Doña Carmen contestó:

—¿Un día duro? ¿Por qué? ¿Por qué ya le da por perdido a mi marido? Usted nunca lo ha llevado con mi marido, ¿no estará usted también metido en esta trama para acabar con él? ¿Cree que soy tonta y no sé lo que pasa aquí?

—¿Me está incriminando, señora? Por si no se ha dado cuenta, la puedo meter también a usted en el calabozo por calumnia. Además, ¿de qué trama me habla? Yo no veo ninguna.

—¡Usted qué va a ver! ¡Ve sólo lo que le interesa! —contestó ella mientras cogía a sus hijos y salía del edificio.

En ese momento volvía el caracortada con los dos guardias después de dejar en el calabozo a Don Luis. Don Pedro le dijo al oficial:

—¡Teníais que haberlo hecho más sigilosamente, Don Carlos, habéis armado un poco de revuelo!... Bueno, aun así, habéis cumplido con la misión que os encomendé. Bien hecho.

—Gracias, Don Pedro, pero recuerde que las órdenes no me las da usted sino que vienen de más arriba; no me haga tener que recordárselo otra vez, ¿de acuerdo? —contestó el caracortada con gesto inexpresivo.

Don Pedro, visiblemente enfadado, no le replicó. Tal vez sabiendo de su autoridad, no quería problemas. Él era un mandado más.

Juan, que hasta el momento había estado callado con los ojos todavía humedecidos por las lágrimas, le preguntó a su madre ya en la calle:

—¿Tú crees, madre, que todo esto es una trama urdida para acabar con papá?

—Mira, Juan, ya eres mayor y muy listo, por eso lo has comprendido claramente, hijo. La envidia es muy mala consejera, y vuestro padre, no lo sé, pero lo intuyo por todo lo que he oído y leído ahí dentro, es tan buena persona que no se ha dado cuenta nunca de que en este mundo la envidia abunda; ése fue su defecto siempre. Ahora está pagando por ese defecto —le explicó claramente a su hijo que movía la cabeza comprendiendo lo que le decía su madre. Doña Carmen volvió a hablar:

—Carlota, vete a casa y duerme, que es muy tarde ya.

—¿Y tú que vas a hacer, madre? Yo quiero estar contigo.

—Iré a hablar con el juez a ver qué me dice. Haz lo que te digo... Descansa, hija, has hecho suficiente hoy.

—De acuerdo, madre, haré lo que dices —contestó Carlota no muy convencida.

—¿Y yo, madre, voy contigo a donde el juez? —preguntó Juan.

—No, hijo, vete a casa con tu hermana —le dijo al joven mientras le acariciaba la cara.

—¡Venga, iros ya, descansad! —dijo Doña Carmen con voz potente mientras empezaba a alejarse con dirección a donde vivía el juez Don García, cerca del Ayuntamiento, al otro lado del pueblo.

* * *

Cuando ya llevaba unos metros andados, Doña Carmen se detuvo de repente y miró hacia atrás para ver si le habían hecho caso sus hijos. Cuando vio que ya no estaban, siguió andando y empezó a llorar. No lo había hecho mientras estaban sus hijos delante, para no asustarlos. Iba desesperanzada, con ganas de despertar de aquella pesadilla. Sabía que no tenía nada que hacer en su «misión», estaban a merced de un juez que ya había dado el visto bueno a la condena de su marido al firmar el papel de la confesión de Don Fernando. Pero ella no iba a tirar la toalla, iba donde el juez a intentar atenuar la condena. Intentar que fuera una pena de cárcel, a ser posible, dos o tres años como máximo. Había oído de otras condenas por «espionaje», y a lo más les había caído una condena de cuatro años.

La mujer de Don Luis llegó a la casa del juez en poco tiempo debido al paso rápido que había llevado durante todo el camino. Las luces de la casa estaban apagadas. «Están ya en la cama», pensó. García vivía con su mujer y un par de gatos, uno negro y el otro gris. Doña Carmen llamó a la puerta, golpeándola fuertemente con los nudillos de la mano derecha. Una luz se encendió dentro. Después se oyó una pregunta...

—¿Quién es? —preguntó una voz femenina, que debía ser la de Doña Pilar, la mujer de Don García.

—¡Soy Carmen, abrid! —pidió la mujer con decisión.

La puerta se abrió lentamente, apareciendo, efectivamente, Doña Pilar.

—¿Carmen, qué pasa? ¿Qué haces aquí a estas horas? ¿Es por lo de Luis?

—Sí, Pilar, ¿me dejas pasar? Quiero hablar con tu marido. ¿Está en casa? —antes de que pudiera contestar Doña Pilar, su marido apareció.

—¡Pasa, Carmen, y hablemos!

—Gracias —contestó Doña Carmen, mientras Doña Pilar le dejaba pasar con una sonrisa en la cara. Ya adentro, se sentó en un viejo sofá marrón claro que estaba delante de una chimenea encendida, cosa muy necesaria debido a la estación del año, ya entrado el invierno. La casa por dentro, según pudo ver, estaba algo vacía. Apenas tenía cosas y muebles... «¿Deudas? ¿O quizá traslado?», pensaba Doña Carmen, mientras Doña Pilar le ofrecía unas galletas.

Después de coger una, y mientras la comía, le preguntó Don García sentándose en una silla de madera enfrente de la mujer del alcalde mayor:

—Bien, Carmen, ¿vienes por lo de tu marido, me imagino? Debéis estar pasando por una verdadera pesadilla...

—Pues sí, la verdad es que estamos todos que no nos lo creemos —respondió.

—¡Claro, vaya pregunta que te hago!

—Vamos a lo que vamos, Don García, y no intente hacerse el tonto —sentenció Doña Carmen, intentando ir al grano.

Don García, un hombre más bien tímido e incluso físicamente debilucho, se puso nervioso y hasta parecía que cambiaba de color. Conocía el carácter de Doña Carmen, nunca se cayeron bien mutuamente, sobre todo desde que por culpa de aquél fue a parar a la cárcel durante año un primo de ésta, supuestamente por robar una gallina, cosa que no había sido así —la gallina en cuestión era una que se había escapado de la huerta del primo de Doña Carmen, y éste lo único que hizo fue perseguir al animal por los alrededores hasta que consiguió atraparlo, llevándolo sano y salvo de vuelta a su huerta. Esta situación se aclaró, ironías de la vida, justo después de que su primo pasara ese año en la cárcel, simplemente haciendo algo que no había hecho nadie, mirando la anilla de color rojo que tenía el animal en la pata, significando que era de Don Carlos el perjudicado por Don García en cuestión. Esta historia se propagó por el pueblo, y se comentaba en son de mofa en las tabernas locales, cosa que le ponía nervioso a Don García. También se comentaba, y no ya tan en son de mofa, de la eficacia de Don García en ese puesto. Por todo eso, Dona Carmen nunca trató de «tú» a Don García sino que siempre le trataba como si se hubiesen conocido hacía dos días.

—Está bien, Carmen, cuéntame, ¿qué quieres de mí? —preguntó Don García con voz temblorosa.

—Quiero que me digas por qué firmaste un papel en el que venía una declaración de Fernando Gutiérrez. ¿Sabes quién es, no? —preguntó Doña Carmen para a ver si su interlocutor se seguía haciendo el loco.

—Sí, sé quién es —respondió el juez.

—Vale, sigo. ¿Una declaración incriminando a mi marido, diciendo en ella que él es un agente pagado por los franceses?

—De acuerdo, te responderé, Carmen —contestó más serenamente Don García, pareciendo como si la pregunta ya la supiera de antemano, sabiendo qué responderle, cogiendo de paso un cigarro y mandándosele encender a su mujer. Después de encenderle y echar un par de caladas respondió:

—Esto empezó hace unos días. Don Fernando vino aquí y me comentó lo que está escrito en el papel que luego firmé y me ha dicho que ha leído en el puesto de guardia. Que vio a su marido hablando a las afueras del pueblo con una persona que no era del mismo. Esta persona le entregó un sobre con algo dentro, que no pudo distinguir bien porque ya se estaba haciendo de noche y con ello las últimas luces se estaban desvaneciendo —Don García hizo como una pausa, para dar un par de caladas más al cigarro. Su mujer no dejaba de mirarle. Cada vez que decía una cosa, ella asentía dándole la razón. Parecía como si estuviera allí para corregirle alguna cosa que se le olvidara o no se «acordara». Doña Pilar manejaba a su marido a su antojo, así que esa no era una escena fuera de lo común.

Mientras Don García daba las caladas al cigarro, Doña Carmen aprovechó y dijo:

—Todo eso ya lo sé y por eso estoy aquí. Aun así, gracias por recordármelo. Lo que le quiero decir es que todo ha sido muy rápido y que da como buena la confesión de Fernando sólo porque él dice que vio a mi marido con una persona que no era del pueblo y que le entregó un sobre a las afueras del mismo... Mi marido, claro está, tiene amigos más allá de este pueblo, no sólo tienen que ser de aquí. En cuanto a un sobre «sospechoso», mi marido siempre me ha dicho que no acepta nada en un sobre, no vaya a ser que sean sobornos o cosas raras.

—Puede que no conozca a su marido como usted cree conocerle, puede que se le escape algo, que tenga otra vida que usted no ve... o yo...

—Llevo más de veinte años casada con él, ¿y me va a decir quién es mi marido?

—Sólo le digo que he conocido parejas de cuando era juez en Madrid, que llevaban treinta años casados, y que la mujer no se había enterado nunca de que el marido llevaba una doble vida, extramarital, y de que era un espía pagado por los ingleses —Don García sonreía mientras miraba a su mujer como para buscar su aprobación y pavonearse como un colegial de su respuesta. Su mujer le giñaba el ojo, como muestra de que había dado en el blanco.

Doña Carmen los miraba, moviendo la cabeza de izquierda a derecha, despacio para que ellos no lo vieran, con gesto despreciativo. Al tiempo respondió a Don García:

—Esto, señor mío, es Colindres, no Madrid, así que si me tiene que poner algún ejemplo, póngamelo de alguien de por aquí.

A Don García se le borró la sonrisa de la cara. Se volvió a poner nervioso y apagó el cigarro; parecía como si ahora le supiese mal. Su mujer se dio cuenta de ello y esta vez contestó ella a Doña Carmen:

—Mi marido no acusa por acusar a nadie, sin tener pruebas claras de que esa persona haya cometido un delito.

—Sí, como las pruebas que tuvo para inculpar a mi primo por lo de la gallina, la misma búsqueda de pruebas como entonces... ¿Es eso lo que me quieres decir, Pilar? —preguntó Doña Carmen con sonrisa maliciosa. Doña Pilar, removiéndose en su silla y cambiando de color como su marido antes, indignada, respondió:

—Eso fue un malentendido, nada más, y luego mi marido reconoció que se había equivocado.

—Claro, después de que mi primo se chupara un año de cárcel —volvió al ataque Doña Carmen, levantándose del sofá como para despedirse. Pilar la miraba mientras se levantaba con ojos enfurecidos; también ella se levantó y miró a su marido que seguía sentando, recuperándose de los sablazos de Doña Carmen.

—Bueno, como veo que no estoy sacando de aquí nada claro, me voy... No quiero robaros sueño, que mañana tiene que estar usted, Don García, en pleno rendimiento —en ese momento, al oír su nombre, Don García se levantó y le dijo:

—Sí, eso es, vamos todos a descansar. Y se acercó donde ella, le dio un beso en la mejilla, y le dijo:

—Mañana será un día duro para todos, Carmen. De todas formas me has dado mucho en qué pensar. El juicio se celebrará a las nueve y media de la mañana.

—¿Para todos, Don García? ¡Para mi familia, dirá! —y después de tomarse una pequeña pausa, siguió diciendo:— No sé quién estará detrás de todo esto, pero juro que si no soy yo, lo averiguará otro, alguno de mis hijos, y no descansaremos hasta conseguirlo... Cuente con ello... A mi marido no se lo he querido decir hasta ahora, pero le doy por perdido.

Doña Pilar, que parecía que iba a explotar en mil cachos con lo que siguió oyendo de boca de Doña Carmen, la contestó exclamando:

—¡Ya basta, Carmen! Mi marido no está en ninguna trama para acabar con el tuyo... No digas tonterías. Déjale que haga su oficio, mañana decidirá. Te ha dicho que le has dado mucho en qué pensar, ¿qué mas quieres?

—¡Quiero que mañana se haga justicia con mi marido y que se le libere! —dijo Doña Carmen. Y no pudiendo reprimirse más, explotó y lloró desconsoladamente, marchándose de la casa con un portazo.

—¡Qué mujer! —exclamó Doña Pilar al poco de haberse ido su anfitriona—. Mañana acaba con su marido, ¿de acuerdo? ¡Estoy harta de esa familia!... Pandilla de zarrapastrosos.

Don García, contestó a su mujer mientras miraba la puerta:

—Todo está hecho ya para acabar con él... Esta noche Pedro enviará unos guardias para buscar ese sobre —contó a su mujer.

—¡A Valladolid después de esto! ¡Saldremos de este pueblucho de mala muerte, se nos verá con otros ojos en la Corte al apresar a un espía de los gabachos y hacernos con ese sobre para tu amigo!... que espero que cumpla... —dijo Doña Pilar agarrando fuertemente de los hombros a Don García, un poco asustado por la mirada de su mujer, mientras se le iluminaban los ojos a cada palabra que decía.

—Sí, sí, ya verás cómo cumple. Eso ha prometido: entregamos el sobre y a Luis a la Justicia y me dará un puesto de juez por Madrid.

—Excelente, hagámonos pues con ese sobre y mañana tú a cumplir lo que te toca con Luis... Me voy a reír bien después de ver la cara que ponga esa loca de Carmen.

* * *

Doña Carmen se enjugaba las lágrimas mientras llegaba a su casa, que tenía las luces encendidas. «Mis hijos deben estar inquietos, no habrán podido dormir pensando en mañana y en qué lugar estaba yo», pensaba mientras agarraba la manilla de su puerta y entraba en casa. Allí dentro, sentados en la mesa del comedor, estaba Don José, con cara de preocupación, y Don Baltasar, el cura local, amigo de Don Luis desde la infancia y, antes de entrar al seminario, antiguo pretendiente de Doña Carmen. Un hombre muy bien formado, guapo todavía, y que lucía como si los años le hubieran respetado, con una mirada penetrante muy parecida a la de la misma Doña Carmen. Al verla, se levantaron los dos educadamente.

—¿Y mis hijos? —preguntó Doña Carmen.

—Están durmiendo, Carmen, no te preocupes por ellos —respondió Baltasar.

Doña Carmen, asintiendo aliviada, se quitó el capote gris que llevaba colgándolo en un saliente de la puerta que hacía las funciones de colgador. Después de eso fue a dar dos besos a cada uno en las mejillas.

—Ya os podéis ir a casa... Gracias por velar por mis hijos. Aunque no hacía falta... ¡Ya soy mayor! —dijo esbozando una sonrisa.

—¿Qué tal te ha ido con el juez? —preguntó Don Baltasar después de haberse reído junto con Don José.

—Fatal, Baltasar —respondió ella sin girarse y limpiando la mesa que no había podido limpiar debido a todo lo que había acontecido en el día—. Mañana dará su veredicto, pero yo ya doy a mi marido por perdido. Acabará en la cárcel, me temo, sin comerlo ni beberlo.

—¿Tan mal lo tiene? —volvió a preguntar Don Baltasar.

—Tan mal —respondió tajantemente Doña Carmen.

—Vaya, lo siento de veras, aunque no crea que sirva para mucho decirlo —se sinceró Don Baltasar.

En cuanto acabó de recoger todo y cuando sus anfitriones se hacían señas para marcharse ya a sus respectivas casas, respondió Doña Carmen:

—Algo es algo, Baltasar. Pero como bien dices tú, para poco sirve. A mi marido le han sentenciado... Una mano negra mueve todo esto. Puede que el propio Don García sea el culpable por medio de la arpía de su mujer, utilizando a Don Fernando también para que soltara esa mentira. Siempre nos tuvo odio por lo que ocurrió con mi primo. Han estado buscando un caso que les catapulte a Madrid y me temo que el de mañana sea su billete a esa ciudad... Buenas noches, amigos...

Don José se despidió de la mujer dándole dos besos, y salió por la puerta. Don Baltasar se despidió de la misma manera.

—Ten fuerza y fe, Carmen, ya sabes que para cualquier cosa siempre me tendréis aquí, ¿eh? Para eso estamos los amigos.

—Gracias, Baltasar. Espero que asuman los «amigos» de mi marido en qué situación nos han puesto —respondió Doña Carmen con cierto tono de ironía.

—¡Yo no soy de esos, Carmen! —respondió algo incómodo el sacerdote—. Nunca traicionaría a un amigo...

—De acuerdo, Baltasar. Gracias y perdóname, pero es que... ponte en mi lugar...

—No pasa nada, Carmen, lo entiendo. Hasta mañana... Descansa —aconsejó el clérigo.

—Hasta mañana, Baltasar.

Después de que los dos se marcharan, Doña Carmen se fue a ver a sus hijos que dormían en una misma cama en una dependencia de la casa en la que apenas podían revolverse debido a que sus cuerpos habían crecido ya, pues ya no eran unos niños. Las únicas peleas de hermanos que tenían era, casi siempre, por la sábana y la manta o porque no le tocara el uno al otro con los pies porque estaban muy fríos. Por lo demás, se adoraban, y Doña Carmen sonreía orgullosa de ellos al mirarlos mientras tiraban uno de un lado de la sábana y otro del otro del lado de la manta para poder taparse todo el cuerpo. Al poco de ver que sus hijos estaban bien, se marchó a dormir a su dependencia. Se quitó la ropa y se puso el camisón, como hacía todas las noches, aunque esta vez faltaba algo en esa cama... se quedó observando la cama unos segundos... faltaba su marido. «¿Cómo estará con ese bestia de Don Pedro? ¿Le habrá dado de comer algo?», se preguntaba. Doña Carmen se arrodilló y rezó, como también hacía todas las noches, pero esta vez con una intensidad especial, por su familia y, en concreto, por su marido, para que Dios le diera fuerzas en aquellos momentos tormentosos. Rezó apretando el crucifijo que había pasado de padres a hijos en su familia, y que tenía guardado debajo de la almohada.

Le preguntaba al Altísimo el porqué de todo lo que les estaba pasando. ¿Qué habían hecho ellos para sufrir este «castigo»? La única respuesta que le venía a la cabeza era lo que le había dicho antes a su hijo Juan: que su marido era «demasiado bueno». A él no le habían dado opción para decidir si quería ser alcalde mayor o no, le fue casi impuesto por el pueblo. Tanto su padre como él habían sido muy queridos por todos, habían ayudado a todos... y de esta forma se lo han pagado algunos...Todo esto le decía Doña Carmen en voz baja al Señor. Ella estaba convencida de que, por alguna razón, el Señor les estaba dando una «señal» para que cambiaran sus vidas... Después de lo habría de acontecer al día siguiente, claramente lo iban a hacer.

Doña Carmen era tan profundamente religiosa, que para ella todos los giros que iba dando la vida tenían una explicación desde el punto de vista divino: todo era «voluntad de Dios».

Con estos pensamientos todavía en la cabeza, besó el crucifijo después de sus oraciones, lo guardó debajo de la almohada y se acostó. «Mañana será el peor día de mi vida», pensaba mientras se quedaba dormida.

A la mañana siguiente, sus hijos, ya vestidos, la despiertan.

—¡Vamos, mamá, dentro de poco se celebra el juicio! —le dijo Carlota mientras peinaba su larga melena morena.

Doña Carmen se despertó rápidamente, y como si un resorte fuera, saltó de la cama cogiendo la ropa y vistiéndose. Lógicamente, apenas había podido pegar ojo en toda la noche, dándole vueltas a la cabeza. Se puso a observar a su alrededor y sólo vio a su hija...

—¿Y tu hermano, dónde está?

—Ha ido hasta el puesto de guardia, a ver cómo estaba papá —contestó Carlota.

—Cuando acabes de arreglarte, vete donde él, es todavía muy joven e impulsivo y podría hacer alguna «locura».

—De acuerdo, madre, ¿quieres que te ayude a vestirte o peinarte? —preguntó Carlota.

—No, hija, gracias. Vete donde tu hermano y cuídale —pidió Doña Carmen.

Y asintiendo con la cabeza, Carlota fue en busca de su hermano. Cuando estaba a medio camino del puesto de guardia, se encontró con Juan, que iba hacia casa.

—¿Cómo está papá? ¿Sigue metido en el puesto de guardia?

—No, ya le han llevado al juzgado. Están esperando a que llegue Don García. La mayor parte del pueblo está ya allí para presenciarlo. ¿Y madre? —comentó y preguntó Juan.

—Madre esta aún vistiéndose, ahora vendrá para acá. Vete donde ella y cuéntale lo que me has dicho. Yo iré hacia el juzgado para que me vea papá por allí mientras llegáis vosotros.

—Vale. Ten cuidado, hermanita, que de entre la gente del pueblo hay algunos que están abucheando a papá y pueden intentar hacerte algo —aconsejó a su hermana.

—No te preocupes, ve donde madre —contestó ella.

Juan vio cómo se alejó su hermana. Después se dirigió a casa a ver si su madre había acabado ya de vestirse. Vio a su madre, que estaba ya cerrando la puerta de la casa, le preguntó por su hermana. Juan le contó que había ido al juzgado y que allí les esperaba. Doña Carmen le preguntó por su padre, a lo que contestó que estaba bien y que ya estaba en el juzgado también.

—Vamos, pues, hasta allí —le dijo Doña Carmen a su hijo.

CAPÍTULO II

Al llegar, se encontraron con un desconcierto total: habían peleas, algunas voces a favor de Don Luis y otras tantas en su contra. La guardia no daba abasto. De entre la muchedumbre salió Don Baltasar, que con un amigo suyo iban abriendo un camino por entre la gente para que tanto Doña Carmen como Juan pudieran acceder al recinto. En cuanto alguno de entre esa gente vio quiénes eran los que atravesaban esa nube, los dejaron pasar y se apartaron mientras otros se pusieron a gritar «¡Traidora, traidora!». En ese momento, si no llegaba a ser por Don Baltasar, Juan se hubiese lanzado sobre uno de ellos que estaba agitando un bastón en el aire mientras decía «¡Fuera del pueblo, no queremos traidores!». Parecía una escena sacada de un capítulo de la Biblia que describía el purgatorio. Al final, llegaron hasta la puerta del juzgado. De allí entraron en el recinto, siendo ella conducida por un guardia al sitio que le correspondía como mujer del acusado.

Antes de sentarse, Doña Carmen se puso a mirar a su alrededor para encontrar a su marido y a su hija. Lo primero de lo que se dio cuenta fue que el lugar habilitado como tribunal estaba patas arriba. Gente que había entrado de la calle quería sentarse lo más cerca para oír todo el juicio. Hasta se empujaban por ello. Voceaban de una manera tal que aquello parecía una granja en la que, en vez de ser ellos los humanos, eran los animales. La inmensa mayoría era la cuchicheada res del pueblo: Doña Cecilia, Doña Almudena, Don Ignacio y su mujer Doña Pepa, Don Balduino y, por supuesto, no podía faltar, Doña Pilar. Ésta ya se las había agenciado para tener un sitio lo más cerca de su marido, por si éste se «confundía» en algo. Tal era el morbo que despertaba todo aquello. Los únicos que estaban callados en sus sitios eran Don Pedro y una persona que no llegaba a reconocer y que iba de negro, cada uno a cada lado del sitio donde iba a estar sentado el juez, observando la escena. Por fin pudo ver a Carlota y a su marido, que estaban al otro lado de la sala, en el sitio de los acusados. Su hija también la vio a ella y le hizo señas, levantando la mano, para ver que de verdad le había visto. Doña Carmen sonrió y levantó ella también la mano.

Don Luis estaba engrilletado, cabizbajo, hasta que su hija le dijo algo al oído, despertándole de su letargo, sonriendo, girando la cabeza a un lado y al otro, hasta que vio a su mujer que le lanzaba un beso haciéndole gestos con la boca de que estuviera tranquilo. Vio también a Juan y a Baltasar que le saludaban.

De pronto, apareció Don García. Pedro y su ayudante se levantaron como impulsados. La gente de la sala hizo silencio cuando Don Pedro anunció con su gran voz: ¡Silencio, el juez Don García está aquí!

—¡Empecemos! —dijo Don García mientras ordenaba sus papeles.

—¡Que se acerque el acusado hasta este estrado! —volvió a intervenir.

Acompañado por un guardia, Don Luis se acercó hasta estar enfrente del mismo estrado. Allí le esperaba una silla. Esto no era una cosa usual ya que normalmente a los reos se les dejaba de pie y, además, el juicio no duraba ni media hora siquiera: se dictaba sentencia sin apenas haber diálogo entre el acusado y el juez. Ese tratamiento «especial» se debía a que, obviamente, Don Luis no era un preso corriente, pues seguía siendo el alcalde mayor del pueblo, pero, sobre todo, por lo querido que era en el mismo, y no querían, tanto Don García como Don Pedro, que la gente se les echara encima por el trato injusto que pudiera recibir... Ya se habían levantado algunas ampollas entre ellos por la acusación de haber traicionado a su patria.

—Bien. Estamos aquí para enjuiciar a Don Luis de Herrera, alcalde mayor de este pueblo, supuestamente por ser un traidor a su patria —empezó Don García. Parecía regodearse diciéndolo.

—¿Cómo se declara el acusado? —preguntó Don García mientras miraba a su mujer.

—¡Inocente, por supuesto! —contestó tajantemente Don Luis.

—Explíquese. ¿Por qué cree usted que es inocente? —volvió a preguntar el juez.

Don Luis se levantó, cogió aire, y dijo:

—Soy inocente porque nunca he sido un traidor —y girándose hacia la gente que estaba en la sala, casi dando la espalda a Don García les preguntó:— ¿Me creéis capaz de atentar contra mi patria y mi rey?

Pocos segundos después de decir eso, Don García dijo a Don Luis amonestándolo:

—Señor Don Luis, esas preguntas no las tiene que hacer el acusado, es este tribunal el que las debe formular. ¿Comprende lo que le digo?

—Lo entiendo, Don García, pero sólo me estoy defendiendo de esas acusaciones, y si no hace usted mismo esas preguntas al pueblo de Colindres...

Y antes de que el juez pudiera acabar le replicó:

—Señor Don Luis, me parece bien que se defienda, para eso está usted aquí, pero lo que no le voy a tolerar es que me explique mi oficio, ¿de acuerdo?

Don Luis resopló ante las palabras de Don García, haciendo notoria su disconformidad, intentando contestar educadamente al juez:

—De acuerdo, Don García.

—Siga con su defensa —ordenó el juez.

Don Luis volvió a cargar de aire sus pulmones.

—Como declaro, nunca he sido un traidor. Tengo la conciencia tranquila.

—Pues eso no es lo que dice su «amigo» Fernando —dijo Don García mientras enseñaba la famosa carta firmada que le mostró Don Pedro en el puesto de guardia.

—Pues no es cierto. No sé qué intención habrá en todo esto, pero no es verdad.

En cuanto oyó la palabra *intención* se puso un poco nervioso y empezó a mover papeles de un lado al otro como para ocultarlo, mientras miraba a su mujer que también se removía en su asiento. Y respondió:

—¿*Intención* en todo esto? ¿A qué se refiere?

—¡Me refiero a que hay alguien que me quiere fuera de la alcaldía o de este mundo, tal vez! ¡Me refiero a que alguien está intentando hundirme, señoría, e intuyo por qué, aunque no lo puedo saber a ciencia cierta! —dijo exclamando con fuerza Don Luis. Parecía que había dicho todo lo que llevaba pensando y reteniendo durante esas tristes horas.

Don García volvió a mover papeles compulsivamente, sin ton ni son, y otra vez echó una mirada a su mujer, que en aquel momento ya estaba tranquila. Se le acercó un guardia que venía de la calle, le susurró algo al oído y se marchó. Después de eso hizo un gesto a su marido meneando la cabeza en sentido negativo. «¿Qué le habrá dicho el guardia?», se preguntaba Doña Carmen, que se había dado cuenta del gesto. Aunque estaba algo lejos para verlo bien, la mujer de Don Luis tenía buena vista y se apercibió de ello. La gente cada vez empezaba a murmurar con más fuerza, aumentando su tono de voz. Al ver ese gesto de su mujer, a la gente murmurar cada vez más, y a Don Luis que parecía que le quería comer vivo, Don García cogió muy nerviosamente el martillo y lo golpeó varias veces en su mesa.

—¡Orden en la sala! ¡Orden!

Y cuando parecía que ya la mayoría estaba callada sigue diciendo:

—¡Don Luis, si tiene que acusar a alguien, diga por lo menos los nombres para que todos sepamos a quién acusa usted de su desdicha, si no, no acuse sin fundamento, que seguro que es el caso!

En ese momento, el alcalde mayor miró a su mujer e hijos, que a su vez observaban al cabeza de familia con inquietud. Después, vuelve a mirar a Don García, con ojos inquisitivos, respondiendo:

—No puedo, mi familia es lo primero. Prefiero irme yo al infierno que no ellos.

Don García, que ya no sabía qué hacer con sus papeles, comentó:

—Está bien. No sólo yo he estudiado este caso. Por respeto a usted decidí enviarlo al Alto Tribunal, que también lo estudió —el juez hizo una pausa, miró por última vez a su mujer y prosiguió—. Hemos decidido ponerle la pena de veinte años de cárcel en el Castillo de Velasco que empezará a cumplir desde el día de mañana —Doña Pilar no pudo reprimirse y sonrió, aunque muy breve y discretamente, para que nadie la viera. Se puso seria otra vez y se marchó, como lo habían hecho ya Don García y Don Pedro al salón de estar de la parte trasera del edificio, hasta que se marcharan todos los asistentes.

La gente de la sala voceaba. Como antes del juicio, unos en contra y otros a favor.

La guardia tuvo que intervenir de nuevo para sofocar las peleas y empujones. Don Fernando tuvo que ser protegido de Don José y algunos amigos para que no le lincharan. Doña Carmen se abrazó a Don Baltasar llorando amargamente. Juan daba unas palmadas suaves a su madre, observando mientras tanto a su padre. Después de la sentencia, éste cayó a plomo sobre su silla diciendo: «Es la voluntad de Dios». Los guardias que lo custodiaban le agarraron fuertemente y se lo llevaron hacia la calle. Nadie podía hacer ya nada por él.

Se lo llevaron a otro sitio, esta vez a una prisión de Laredo. Al día siguiente le trasladarían al Castillo de Velasco.

Don Luis fue visitado por su familia en esta nueva prisión. Esta vez Don Baltasar venía con ellos. Doña Carmen y él estuvieron hablando largo rato. Su mujer estaba inconsolable, después de cada palabra salida de su boca iba un lloro. Don Luis la intentaba consolar, pero no había manera. Mandó a Don Baltasar y a sus hijos que cuidaran de ella. Luego se despidieron, casi todos con la lagrimilla colgando, y se marcharon.

* * *

Cuando llegaron a su casa y entraron en ella, se encontraron que estaba entera patas arriba, los cajones abiertos, la ropa tirada por todas partes... Era como si hubiese pasado un ciclón por ahí.

—Lo que faltaba —dijo Carlota—. O el bueno de Don Pedro nos ha registrado con sus esbirros o nos han robado. Ese hombre es capaz de todo.

Doña Carmen había parado de llorar ya, pero esta vez tenía la mirada perdida, apenas se enteró de lo que había pasado en su casa. Don Baltasar la llevó hasta su habitación para recostarla sobre la cama. Milagrosamente las camas no habían sido tocadas. Carlota y Juan intentaron poner orden entre tanto caos. Éste se dirigió al pequeño rincón que tenía su padre al lado de las habitaciones, donde había una mesa que ocupaba la mayor parte del recinto que tenía una sola vela, una silla vieja que siempre tenía encima muchos papeles, documentos del Ayuntamiento, trabajo que se traía Don Luis a casa. Juan vio todos los papeles por el suelo. Le chocó un poco la escena ya que siempre que entraba ahí veía a su padre trabajar con esos documentos, todos ellos siempre muy bien ordenados... verlos ahora todos desparramados por el suelo le daba verdadera pena.

Los fue recogiendo uno a uno. De repente entre ellos encontró un dibujo que había hecho de niño y regalado a Don Luis.

Era un dibujo de la casa y, enfrente de ella, su padre y él montados en un unicornio que volaba y su madre y su hermana que les decían adiós con la mano... Mientras miraba el dibujo, pensaba que la desgracia había caído sobre su padre. Podía haber sido peor, acabando colgado o algo así, pero encarcelarle en el Castillo de Velasco era, según había oído de su propio padre, como estar en el propio infierno... pocos salían de allí con vida. Levantó la vieja silla, se sentó en ella observando con detenimiento el dibujo, y rompió a llorar. Su hermana lo vio y se acercó arrodillándose y abrazándole. Mientras le sacaba las lágrimas le dijo:

—Vete a descansar hermano, yo cuidaré de mamá.

—¿Por qué nos habrán hecho esto, Carlota? No entiendo nada. ¿Envidia?

Carlota miró hacia fuera del recinto, por si estaba Don

Baltasar. En estos momentos había que tener cuidado con lo que se decía.

—La envidia es mala consejera siempre... No lo olvides nunca, hermano.

—Así que es por envidia... Ese maldito de Don Pedro...

—Descansa, Juan, ha sido un día muy duro.

—Haré lo que dices, hermanita... Antes me quedaré unos minutos más aquí...

Su hermana miró el dibujo, sonrió, y mientras se marchaba dijo riéndose:

—¡Qué mal has dibujado siempre!

Su hermano no le contestó, simplemente echó una pequeña sonrisilla. Dejó el dibujo sobre la mesa, ordenó los papeles de uno de los cajones que quedaba todavía abierto y le cerró con fuerza, con enfado. Por la violencia del golpe, se cayó un recipiente de un hueco de debajo de la mesa. Juan lo cogió del suelo y se puso a mirarlo. El recipiente en cuestión era de un metal extraño, redondo y alargado... no se acordaba haber visto a su padre con él. Tenía un tapón de rosca también metálico. ¿Qué sería aquello? ¿Por qué lo ocultaba su padre de esa manera? ¿Para que no lo viera quién? De repente apareció Don Baltasar en la puerta, como para despedirse. Instintivamente y sin pensar, ocultó el objeto descrito. Si su padre lo había ocultado para que no lo viera nadie, ni siquiera su propia familia, era por algo. Don Baltasar no se dio ni cuenta del movimiento de Juan.

—Bueno, Juan, me voy a casa.

—Venga, Baltasar.

—Le he dicho a tu hermana y a tu madre que mañana os acompaño cuando trasladen a Luis al castillo, ¿vale? Y, por supuesto, les he dicho también que tenemos que denunciar este acto vandálico. Por cierto, ¿qué tal estás tú?

—Hay que denunciarlo, sí... parece como si hubiesen estado buscando algo... Estoy bien, gracias por preguntar.

—Después de todo lo que habéis pasado, lo que os faltaba. ¿Qué buscarían ahora? —preguntó Don Baltasar.

Juan se tomó unos segundos para contestar, apretó el objeto metálico que había ocultado entre las piernas... ¿Sería este recipiente lo que buscaban?

—Vete tú a saber... Con Don Pedro y la morralla que tiene alrededor, cualquier cosa. Ahora además que no está mi padre, creerá tener coto libre en esta casa... Si puede ensañarse más con él o con esta familia, lo hace.

—Sí, es verdad, parece que puede hacer lo que quiera en este pueblo ese personaje —dijo Don Baltasar, dando la razón a Juan.

—Bueno, hasta mañana, entonces —se despidió Don Baltasar.

Juan esperó a que se despidiera de su hermana y de su madre y que saliera de la casa para volver a sacar el recipiente metálico. Lo volvió a examinar más detenidamente. Se quedó absorto mirándolo, pero justo cuando se disponía a abrirlo, oyó una voz lejana que le bajó de la «nube»... Era la de su hermana diciéndole que se fuera a la cama a dormir, que era tarde. Juan guardó el objeto en el único cajón que tenía cerradura, con unas pequeñas llaves puestas, lo cerró con llave y se fue a dormir, pensando y preguntándose por ese objeto... ¿Qué portaría dentro?...

CAPÍTULO III

Esa noche, en el puesto de guardia, Don Pedro estaba reunido. A su alrededor estaban un hombre de aspecto misterioso que vestía un uniforme negro y tenía una gran cicatriz que le cruzaba el rostro de arriba abajo, dos guardias, Don García con su mujer Doña Pilar, y Don Fernando. Ahí estaba toda la «tropa». Don Pedro estaba levantado dando grandes zancadas de un lado a otro... estaba nervioso. Don García, sentado al lado de su mujer, le miraba inquieto como si esperase una reacción furiosa de esas ya conocidas del jefe de la guardia. Doña Pilar miraba a su marido con cierto desprecio —como siempre, vamos—, y el acusador, Don Fernando, miraba a unos y otros sin saber qué hacer además de eso; ni siquiera se había detenido a pensar por qué había acusado a su amigo... en cuanto oyó que había recompensa, se había apuntado a la aventura. Ninguno hablaba. Si no fuera por las zancadas de Don Pedro, apenas había ruido en el despacho. A simple vista era una escena algo tragicómica y, también, algo aterradora. De repente alguien se decidió a hablar.

—¿Cómo es posible no haber encontrado ese objeto? ¿Tan grande es la casa como para no encontrarlo? —exclamó y gritó el personaje de aspecto misterioso poniéndose de pie y mirando a uno de los guardias. Después dijo a Don Pedro:

—Te describí claramente cuál era el recipiente, ¿no?

—Sí, pero no lo vi por ningún lado... y eso que miramos a conciencia.

—Sí, eso está claro, que no has encontrado nada, si no me lo hubieras traído, ¿no?

—Bien, decís que no encontrasteis el recipiente en casa de Don Luis. Explicaos.

—Buscamos por todos los rincones de la casa y no vimos por ningún lado el objeto que me describieron ustedes.

—¿Dejarías luego todo ordenado, verdad? —preguntó Don Pedro.

Don Beltrán, que así había sido llamado en algún momento el caracortada, sin mirarle le dijo en tono de burla:

—Sí, y también les hicieron la cama.

El jefe de policía le iba a contestar, seguramente con alguna grosería, cuando Doña Pilar intervino:

—¡Pues ha hecho muy mal! Porque encima de que no ha encontrado lo que se le pedía, ha dejado todo hecho una leonera. Ahora vendrán aquí a poner una denuncia.

—Claro —comentó Don García, adulando como siempre a su mujer.

—Lo que más les importa a ustedes es la sentencia, acusar de espía al señor Luis, y ya la tienen. A mí, más que a ustedes, me interesa el recipiente para entregárselo a mi señor. Tenemos todo el tiempo del mundo para encontrarlo ya que Don Luis va a estar mucho tiempo a la sombra, ¿no creen? —dijo el caracortada.

—¿Y qué contiene ese recipiente, si puede saberse? —preguntó Pilar—. ¡Nunca nos lo ha dicho!

Don Beltrán la miró y dijo:

—No les incumbe, ustedes ya consiguieron lo que querían. No pregunten.

Doña Pilar le miró y no dijo nada. Don Beltrán era de las pocas personas en este mundo que le imponía respeto. Por la fama que tenía de cazador de personas, por la enorme cicatriz de su rostro, y sobre todo, por a quien supuestamente representaba.

—Habrá que seguir buscando en la casa como sea, no pudo haberlo ocultar en otro lugar que en esa casa —volvió a decir Don Beltrán.

—Pero, ¿cómo lo hacemos? Sabrán ya que alguien de nosotros o de nuestro entorno la registró antes —preguntó con cierto respeto al de la cicatriz.

—Don Pedro y yo iremos y la registraremos personalmente... Eso sí, esta vez dejando después todo en su sitio.

En cuanto oyó Don Pedro que él también iría a registrar la casa, al no querer igual que le descubrieran, dijo:

—¿Me está ordenando a mí algo, Don Beltrán? La única que podría es Doña Pilar, pues fue ella, junto conmigo, la que ideó todo este plan. Usted sólo vino mandado por el rey para vigilar ese mapa y, si podía, robarlo y llevárselo consigo... Yo creo que se quedaría con el mapa.

Después de eso, Don Pedro se echó a reír a carcajada limpia. No le gustaban, como él los llamaba, los «siervos de Dios». Eso estaba claro. Pero era demasiado egocéntrico y pagado de su fuerza para darse cuenta de que el hombre que tenía delante no era, para nada, un simple sacerdote, anciano y cansado por el peso de la edad. No... Si quería, podría convertirse en un asesino en potencia a voluntad, como en breve demostraría. En una fracción de segundo, tan veloz como la última vez, le puso la espada en la garganta, pero esta vez le hizo un pequeño corte en la misma. Don Pedro blandió la espada con su inmensa mano y estaba doblando la hoja cuando Don Beltrán, de un golpe rápido en la parte izquierda de una de sus piernas, hizo arrodillarse al jefe de la guardia, pegándole después un golpe en la cara con la rodilla derecha que le hizo saltar algún diente. Don Pedro, atontado, intentó levantarse, pero un segundo golpe de Don Beltrán, de nuevo en pleno rostro, con la otra rodilla, hizo caer inconsciente al gigante. Después de eso, el hombre de la cicatriz miró a su alrededor, por si algún otro presente estaba dispuesto para atacarle también. Nadie se movió. Nadie se movió para ayudar a Don Pedro, por miedo al de la cicatriz. Don Beltrán, algo jadeante, dijo:

—¡Se acabó la discusión, después de que me haga con el dichoso recipiente, saldré de sus vidas y ustedes de la mía! ¡Ya podemos irnos todos a descansar!

Él fue el primero en salir del lugar. Minutos después, los demás, mientras miraban a Don Pedro, que seguía inconsciente en el suelo, comenzaron a salir.

* * *

A la mañana siguiente, Juan se despertó más pronto de lo habitual y volvió al despacho de su padre. Su hermana y su madre aún dormían plácidamente. Abrió el cajón con la llave que estaba metida, y allí estaba de nuevo el curioso recipiente. Esta vez le abriría para saber qué había dentro. Desenroscó el tapón como pudo, lo dejó sobre la mesa, apareciendo dentro una especie de documento. Lo sacó para ver mejor lo que era... estaba muy enrollado ya que parecía un papel más ancho que alto, y el recipiente era algo pequeño... Lo extendió sobre la mesa, parecía... un mapa... ¡Sí, lo era! «¡Es un mapa!», dijo para sí. Un mapa que guiaba hacia las Indias, y lo mejor es que estaba en muy buen estado, no estaba estropeado por la humedad ni nada de eso. Juan no se lo podía creer... ¿Su padre había estado allí? Nunca le había dicho nada sobre el tema, no sabía nada de la existencia de este mapa... Lo extendió mejor, sobre la mesa apolillada de su padre, poniendo en cada esquina del papel objetos que encontraba por los cajones o por el suelo. Entre ellos encontró una lupa que utilizaba Don Luis para ver la letra pequeña de los documentos, ya que últimamente no veía ya muy bien ese tipo de letra. Después cerró la puerta de la habitación para que no se oyera el ruido que podría hacer y no despertar así a las dos mujeres de la casa. Observó... Parecía ser un mapa en el que estaba dibujado una parte del mundo conocido.

Mirando por la lupa, se fijó en una pequeña firma ubicada en la parte inferior derecha del mapa. ¿Juan de la Cosa? ¿El que acompañó a Colón en el descubrimiento de las Indias? Había oído hablar del tal Juan de la Cosa por boca de un amigo suyo que conocía a un familiar del marino de Santoña, un pueblo relativamente cercano a Colindres.

El amigo le comentó también que había muerto hacía unos años en las Indias durante un combate contra los nativos. «¿Qué hace el mapa de tan ilustre marino en mi casa?», se preguntaba Juan mientras seguía observando el documento. Se dio cuenta enseguida de que había un dibujo, que le llamó la atención en particular, de una ciudad representada de color oro y de un volumen mucho más grande al de todas las demás ciudades representadas en el mapa. Estaba dibujada justo en el continente descubierto hacía treinta años más o menos. De pronto, alguien llamó a la puerta... Juan preguntó quién era... y oyó la voz de su hermana:

—¿Qué haces ahí tan callado? Tenemos que irnos en breve.

—Dame cinco minutos —dijo Juan mientras enrollaba el mapa rápidamente y lo guardaba en el recipiente metálico.

—De acuerdo, sólo cinco minutos, ¿eh?

Terminó de meter el mapa y cerrar el recipiente y se quedó sentado observándolo. «Piensa. Esto vale una fortuna. ¿Lo sabrá mi madre? ¿Sabrá ella de la existencia de este mapa?», reflexionaba. Tuvo que encontrar un sitio más oculto para guardarlo, para tenerlo más a mano también. Después de guardarlo, decidió que se lo contaría a su madre y hermana a ver si sabían algo sobre él. Se levantó de la silla, abrió la puerta y salió de la habitación encontrándose de repente con su madre...

—¡Qué pronto te has levantado hoy, hijo!

—Tenía cosas que hacer.

—¿Como cuáles? Si puede saberse... —Juan sonrió y le enseñó el recipiente.

—¿Qué tienes ahí? —preguntó su madre sorprendida.

—Posiblemente el porqué de que la casa estuviera toda revuelta.

—Hijo, ya sabes que todo se debe a algunos vándalos del pueblo ensañándose con nosotros por lo de tu padre... nada más...

Su madre parecía no conocer ese recipiente, por esa respuesta que dio. Juan, al oír eso, abrió el tapón y saco el mapa. Su madre volvió a preguntar:

—Pero, ¿qué es eso, Juan?

El hijo desplegó el mapa sobre la mesa de la sala de estar, puso cuatro piedras de río que a su padre le gustaba coleccionar y que cogía del río que está en Lierganes sobre las cuatro esquinas del mapa. Su madre le miró extrañada. Luego se acercó al mapa como con cautela. Estaba ya claro que en su vida había visto tal mapa, pensaba Juan. Su hermana Carlota, al ver a los dos observando algo puesto sobre la mesa, se acercó también. Juan fue a por la lupa que estaba en la mesa del despacho de su padre, y con ella les enseñó todo lo que él había visto en el mapa mientras las contaba cómo había descubierto ese documento. Después de observarlo durante unos minutos y acabar de hablar, Doña Carmen le dijo:

—¿Y dices que por esto estaría la casa patas arriba hace unas horas?

—Muy posiblemente, madre, aunque no lo sé con exactitud.

—¿Y cómo tu padre no me dijo nada de la existencia de esto? Qué raro.

—Puede que para protegernos de alguien o de algo.

—Pero, ¿de quién?

En ese momento de tantas dudas y preguntas se oyeron golpes en la puerta.

—Guárdalo, que no lo vea nadie —dijo Doña Carmen mientras iba hacia la puerta para saber quién era. Miró a sus hijos, ambos iban a la habitación de ella. En cuanto vio eso, abrió la puerta, encontrándose en la puerta con Don Beltrán y Don Pedro, éste con la cara llena de moratones.

—Buenos días, señora —saludó Don Beltrán.

—Buenos para usted, señor, pues no tiene como yo un marido en la cárcel.

El de la cicatriz arrugó la nariz, molesto por el drama de Don Luis. Lo único que le importaba a él era el recipiente... lo demás era cosa de Doña Pilar y los demás. Para eso había ido a ese pueblo.

—¿Dónde despachaba su marido documentos del Ayuntamiento?

—¿Para qué lo quiere saber? ¿No rebuscaron bien mi casa ayer, que quieren rebuscar aún más?

Don Beltrán miró al instante a Don Pedro. Si hubieran salido espadas de los ojos del hombre de la cicatriz, hubiesen partido por la mitad a Don Pedro. Después se giró para contestar a la mujer de Don Luis.

—Voy a ser sincero con usted, señora Carmen. No me voy a ir por las ramas.

—Sí, por favor, eso es lo que está faltando últimamente.

—De acuerdo. Mire, a mí me da igual su marido y lo que ocurra con él, que Dios me perdone por ello. Lo único que quiero, y no sólo quiero, exijo, es que me entregue un recipiente que tenía su marido guardado. Esa es la misión que me ha encomendado mi rey y señor.

Juan, que escuchaba junto con su hermana desde la habitación lo que decía Don Beltrán, apretó con fuerza el recipiente del mapa. Ella le miró y le hizo un gesto para que se lo diera, se acercó a la cama, se agachó, tiró de un listón que estaba debajo de la misma y allí metió el recipiente, poniéndolo a buen recaudo. Juan se acordó de que en ese mismo hueco su hermana le escondía algún juguete suyo para hacerle rabiar. Después de ocultarlo, Carlota giñó el ojo a su hermano para que no se preocupara. Y siguieron escuchando la conversación.

—Ya sabía yo que había gato encerrado aquí. Que mi marido era inocente.

—¿Inocente? —preguntó Don Pedro—. ¡Inocente, dice! Señora, lo que le acaba de decir Don Beltrán no cambia para nada el hecho de que su marido sea un espía. No se confunda, ¿de acuerdo?

Doña Carmen, dándoles la espalda y algo nerviosa, se dirigió hacia un cuadro que le regaló su madre el día de su boda. Era un dibujo de la casa donde había nacido ella. Siempre se acercaba a él para recordar aquellos tiempos tan felices para ella... mirarlo la relajaba.

—Se lo vuelvo a preguntar. ¿Dónde está ese recipiente?

Carmen, ahora más relajada, miró a Don Beltrán y le dijo:

—No lo sé. Y aunque lo supiese, no se lo diría . Mi marido lo guardaba con tanto misterio que ni siquiera a mí me dijo nada sobre su existencia... sería por algo.

—No confiaría en usted, claro, o en gente como usted, Don Baltasar —afirmó Doña Carmen. Al oír eso, aquél se terminó de convencer de que si tenía que encontrar el dicho-so mapa, tendría que utilizar la fuerza.

—Entiendo. Veo que lo tendré que buscar yo mismo en esta pocilga. ¿Es eso lo que quiere? Pues nada, nada...

—¡Mire lo que quiera, pero no encontrará nada! ¡Más abusos a esta familia no se pueden hacer ya! ¡Parece que hay carta blanca contra nosotros!

Los dos hombres se pusieron en movimiento —esta vez se iba a hacer bien—. Abrieron cajones, puertas... eso sí, como dijo el caracortada, sin tirar nada por los suelos, aunque eso sirviera de poco para Doña Carmen que observaba la escena con resignación.

De pronto Don Pedro llegó hasta la habitación donde estaban Juan y su hermana. Doña Carmen cruzó los dedos todo lo que pudo. Pedro entró, los chicos salieron de allí y se pararon en la puerta a mirar cómo abría los cajones de la cómoda y la mesa, rezando como su madre para que no diera con el sitio donde ocultaban el mapa. Juan miraba debajo de la cama. Don Pedro ni miró allí. Sólo levantó el colchón un poco en el aire y le volvió luego a bajar. Ya saliendo de la habitación, se detuvo de repente en la misma puerta girándose sobre sí y regresando a donde estaba la cama. Esta vez se agachó mirando debajo de la misma y empezó a tantear el suelo. «¿Habrá descubierto el sitio? Estamos perdidos, entonces», pensaba Juan al tiempo que miraba con cara de incertidumbre a su hermana. Ella notaba esa sensación de su hermano y también le miraba con cara de circunstancia. Pero casi cuando ya tanteaba el listón falso, la caracolada se acercó a la habitación, preguntando a Pedro:

—¿Has encontrado algo? Yo nada.

Don Pedro siguió tanteando el suelo sin apenas hacer caso de lo que le decían, pero, milagrosamente, no dio con el listón. Finalmente contestó:

—Nada tampoco.

Salieron de la habitación respirando para sus adentros los inquilinos de la casa.

—Vámonos entonces —volvió a hablar el caracortada—. A saber dónde lo ocultaría... Habrá que preguntárselo a él mismo, aunque no quiera.

—No creo que cante —respondió Don Pedro.

—Cantará, no lo dudes, habrá que persuadirle para ello, pero cantará...

—Entiendo —sonrió Don Pedro—, ahora hablas mi idioma.

Doña Carmen, oyendo el último comentario, dijo:

—¿Qué quieren hacer ahora con mi marido, no le han hecho bastante ya?

—Su marido es un espía. Según la ley podemos hacer lo que queramos con él, señora —contestó con enfado Don Pedro.

—Mi marido es un ser humano que...

No había terminado aún la frase cuando empezaron a salir por la puerta de la vivienda. «¡Malditos bárbaros!», pensaba Carmen. Cuando se marcharon los dos hombres, la mujer cerró la puerta.

—Les hemos engañado bien, madre, no han encontrado el mapa —comentó Juan una vez a solas.

—Sí, hijo, pero ahora el que peligra es tu padre... Le harán preguntas no muy amables sobre él...

—Pues vamos a proteger a papá ya que vamos a acompañarle en el traslado. Velaremos por él luego —dijo Carlota.

—No podemos velar por él eternamente, hija mía, en cuanto nos marchemos de allí le interrogarán igualmente —contestó con pena Doña Carmen.

—¡Cuántos atropellos contra nosotros, Dios mío! ¡Todo por un dichoso recipiente! —exclamó la mujer.

El caracortada sí que va a por el recipiente, madre, pero Doña Pilar y los demás, no creo.

—Explícate, hija mía —le pidió sorprendida Doña Carmen.

Carlota empezó su argumentación con un también sorprendido hermano al lado de ella.

—Don Beltrán, que yo sepa, es representante del rey. Lo que porta el recipiente obviamente debe ser valioso para alguien de la Corte, de lo contario, ¿qué pinta Don Beltrán en todo esto? ¿Se va a poner a buscar un objeto sin ningún valor para ellos?

—¿Y Doña Pilar y Don Pedro? ¿Trepar a costa de tu padre?

—Eso es. Ya sabes que siempre han querido irse del pueblo y estar cerca de la Corte, siempre han sido unos trepas... ¿qué mejor que a costa de papá?

En ese momento, Juan algo indignado con lo que oía, dijo a su hermana:

—Pues habrán jorobado a papá, pero con el mapa no se harán.

—Eso es lo que intentan hacer. A vuestro padre ya no le podemos salvar del calabozo, desgraciadamente. Pero eso que encontraste, Juan, tenemos que protegerlo pues es lo que querría vuestro padre mientras esté preso.

—¿Y cómo lo haremos, madre? —preguntó el muchacho—. Aquí en casa y en el pueblo el mapa no está muy seguro.

Carmen se puso a pensar durante unos segundos dónde ocultarlo. De repente, llama alguien a la puerta...

—¿Quién es? —preguntó la mujer.

—¡Baltasar! —se oyó desde fuera y abrió la puerta.

—¡Don Baltasar! —dijo Carmen a modo de saludo.

—¿No los habré asustado, verdad? —preguntó el cura.

—No, descuide. Pase, pase y siéntese... ¿Quiere un vaso de vino?

—Gracias, hija.

La mujer manda a uno de sus hijos a por un vaso.

—¿Qué quería, padre?

—Sólo preguntarle por lo que querían esos dos brutos de antes; los he visto salir de esta casa, por eso me he acercado. Además, dije que os acompañaría en el traslado de Luis al Castillo de Velasco.

—¡Es verdad, padre! Compréndalo, con tanta desgracia no estoy muy en el sitio...

—No te preocupes, hija mía, es normal.

—¿Que qué querían esos hombres? Pues buscaban un documento de mi marido.

Carmen no dijo nada de un mapa, había que ser cauta, después de todo lo ocurrido no se podía fiar de nadie ya en el pueblo, ni siquiera de un cura.

—¿Más documentos? ¿No tienen bastantes ya de tu marido?

—Parece que no.

En ese momento, llegó Carlota y le dio un vaso de vino a Baltasar, gesto que fue agradecido por el sacerdote. Después, los jóvenes se disculparon y se retiraron para vestirse y marchar luego. Doña Carmen se quedó con el clérigo charlando unos minutos. Luego, ella también se disculpó y fue a vestirse.

Media hora más tarde, ya terminados de vestir, se dieron cuenta de que Don Baltasar se había quedado dormido esperando.

—No pasa nada... dijo Doña Carmen a su hijo mandándole que le despierte suavemente. El cura, notando su presencia, se despertó balbuceando:

—¡Perdonad, perdonad!

—¡No se preocupe, padre! —respondió Juan con una sonrisa—. Es normal dormirse, pues cuando esta familia le da por vestirse, siempre tardamos como si fuéramos a una romería!

Carlota, al oírle, le saca la lengua, sin maldad, riéndose de lo dicho por su hermano. No venía mal esa broma, pues con lo que les estaba cayendo a la familia, servía para relajar tensiones, y en eso Juan siempre sería un maestro.

Todos juntos salieron de la casa, Carmen la última, pues había que recoger todo el zafarrancho montado por los buenos de Don Pedro y Don Beltrán. El mapa estaba todavía en su sitio, en buen recaudo. Cerró la puerta de la casa, uniéndose a Don Baltasar y sus hijos en busca de su marido.

Al llegar delante del puesto de guardia, se encuentran que no había nadie. El bueno de Don Beltrán había hecho acelerar la marcha, como así se lo confirmaron los dos únicos guardias que quedaban allí. Doña Carmen cayó de rodillas en el suelo poniéndose a llorar copiosamente mientras se tapaba la cara. Estaba rota, la presión había podido con ella y no podía más. Sus hijos la levantaron como pudieron, intentaron tranquilizarla, como ya habían hecho antes, pero también como antes no lo consiguieron.

—¡Ay, qué desgracia nos ha caído, Dios mío... Ayúdanos! —se le oyó decir con voz algo entrecortada.

Don Luis se dirigía en esos momentos a su infierno particular. Iba, como la última vez al ser trasladado al puesto de guardia, como un delincuente común o un asesino, atado y subido a la parte de atrás de su propio carro que era conducido por Don Beltrán, acompañado de los guardias que había podido meter en el carro hacia el Castillo de Velasco, donde era llevado lo más granado de la delincuencia de más de cien kilómetros a la redonda, un castillo medieval, antigua fortaleza mora, de torres altas con foso y todo.

Luis no pudo despedirse de su mujer como él hubiera querido, por eso miraba continuamente hacia atrás, hacia la dirección del pueblo ya lejano en el horizonte. Cuando llevaban unos kilómetros recorridos y el pueblo ya había desaparecido de su visión, el de la cicatriz detuvo el carro, se bajó, y le dijo a un guardia que cogiera las riendas. Después se fue a la parte de atrás del vehículo y se ubicó en el hueco dejado por ese guardia. Mandó al guardia que siguiera el recorrido que tenía las riendas y, sorpresivamente para Don Luis, empezó a hablar con él:

—Ahora vamos a hablar usted y yo.

Don Luis, extrañado de la actitud de Don Beltrán, contestó:

—¿De qué quiere hablar? ¿Quién es usted?

—Ah... pero si no me he presentado... Perdóneme. Me llamo Beltrán de Lúcar, oficial de Su Majestad el Rey.

—¿Oficial del Ejército?

—Veo que hace muchas preguntas, Don Luis.

—Hago muchas preguntas porque necesito que se me contesten muchas preguntas.

Sonriendo por la respuesta, el caracortada contestó:

—Es justo, le voy a contar una historia, una historia que espero que quede como secreto nuestro, ¿entiende?

Don Luis asintió con la cabeza, quería saber la verdadera naturaleza del problema en el que le habían metido y lo iba a descubrir pues, estaba claro, que el ser encerrado por ser espía francés era imposible, pues nunca lo había sido... Tenía que haber una especie de trama urdida contra él por alguna cosa...

Don Beltrán empezó a contarle aquella historia, casi susurrándosela al oído para que los guardias de alrededor no se enteraran.

—Yo no soy oficial del Ejército del rey, Don Luis, le he mentido. Es más, les he mentido a todos.

—¿Entonces? —preguntó Don Luis.

—Déjeme hablar, así iremos más rápido, ¿quiere?

—De acuerdo.

—Como le decía, yo no soy oficial del Ejército del rey... Soy una especie de agente mandado por mis «hermanos» desde Roma misma para que me entregue un objeto que está en su poder. Según nuestras fuentes, se trata de un mapa que le fue entregado por su propio delineante, Juan de la Cosa... ¿Es verdad todo lo dicho?... Ahora puede hablar, pero ya sabe... en voz baja...

—Ya entiendo. Era la última pieza que me quedaba por encajar... Al final de todo esto va lo del mapa... Pues sepa usted que jamás podré dárselo ni a usted ni a nadie... Hice una promesa.

El caracortada, algo molesto por la respuesta de Don Luis, preguntó otra vez:

—¿Será usted capaz de no dárselo a la Iglesia de Roma? Sólo queremos examinarlo...

—Ustedes no forman parte de la Iglesia. Les conozco, señor, pues Juan de la Cosa ya me previno de ustedes: son una simple secta que lleva siglos haciendo la «guerra santa» por su cuenta, viviendo de la Iglesia como un parásito, sin apenas conocer ésta de su existencia.

—Veo que nos conoce bien, sí.

—Ya ve. Así que no trate de engañarme.

—No trato de engañarle, sólo de aconsejarle... —matizó el marcado—, decirle que si no nos da lo que queremos, es decir, si no me dice el paradero del dichoso mapa —se acercó luego a su oído diciéndole en voz baja—, su familia podría acabar peor...

—Si toca a mi familia, le juro que... —advirtió Don Luis.

—Si la toco, ¿qué...? ¿Acaso es un mago como para salir de entre los barrotes de una prisión y proteger a su familia...? Y le garantizo que va a tardar mucho tiempo en salir... A mí sólo me interesa el mapa... Dígamelo y ya está...

Don Luis, con mirada de odio y sin apenas haber escuchado lo dicho al final por el personaje que tenía delante suyo, preguntó a su vez:

—¿Y los demás de esta trama que han participado junto con usted en esta farsa?

Algo sorprendido, el caracortada contestó:

—¿Se refiere a Doña Pilar y los demás?

—Sí. A ellos no les interesa ningún mapa, ¿me equivoco?

—No se equivoca. Debería estar callado y no contárselo, pero ya que usted va camino del cadalso, poco importa ya, creo yo...

—Empiece ya, pues no me da miedo su fanfarronería, señor.

Al oír esto, el caracortada empezó a reír a carcajada limpia. Al ver que los guardias le miraban, con un simple gesto los puso en su sitio. Y continuó con su parlamento...

—Me está empezando a caer bien, Don Luis. Con más motivo le contaré esto que usted llama trama.

—Todo esto empezó hace más de un año más o menos, cuando una persona cercana a usted, y cuyo nombre no puedo revelarle, nos informó a través de un *hermano*, que usted le había enseñado un mapa *increíble*. Sí, si mal no recuerdo, esa fue la palabra utilizada por el marino santoñés De la Cosa. Creemos que este hombre hizo una copia del mapa del también marino Cristóbal Colón, copia que utilizó para descubrir las llamadas Indias y que fue entregada por nuestros hermanos. Mapas, que con gran precisión, enseñaban en sus dibujos partes del mundo que aún no han sido descubiertas. Por su expresión, veo que voy bien encaminado, ¿a que sí?

—Más o menos.

—De acuerdo, continúo, entonces... Esto no sé si se lo habrá contado su amigo De la Cosa... Descubrimos hace poco, que éste había estado en una ciudad en el interior de la selva indiana, dibujando una copia de nuestro mapa, tomando, de paso, notas sobre el lugar.

Luis se incorporó mejor en la carreta. Le dolía el trasero de estar tanto tiempo sentado pues el caracortada no le había permitido una pequeña parada ni siquiera para orinar... Además su interlocutor le incomodaba, sabía todo sobre ese mapa, todo lo contado por su buen amigo De la Cosa.

—Veo que están bien informados.

—Sí. Como usted bien dice...

—Así que lo quieren para ocultarlo... Yo lo oculto de ustedes y ustedes del mundo, ¿no es así?

Don Beltrán, molesto por lo dicho, contestó:

—Queremos el mapa porque era nuestro y debemos recuperarlo... Nunca debió salir a la luz.

—¿Suyo? Explíquese... —pidió Don Luis extrañado.

—Ese mapa, como le he dicho, era de Don Cristóbal Colón. El original, devuelto a su muerte, fue sacado de los archivos de la Orden del Temple y entregado a éste por un hermano, genovés como él y amigo suyo, llamado Pascualli, para que el mundo conociera aquel continente. Esa orden fue condenada por el papa, acabando con ella junto a su aliado el rey Felipe el Hermoso de Francia el siglo pasado, como usted bien sabrá, para ocultar todos los secretos que tenían sin quererlos compartir con la Iglesia.

—¿Y qué tiene que ver esa orden con usted? —preguntó Don Luis, impaciente.

—Creamos nuestra orden como sucesora de la de los templarios... Nos sentimos como sus hijos. No todos murieron en la hoguera, hubo algunos que sobrevivieron y que crearon una nueva orden, más secreta, pocos años después de aquel suceso.

—Que son ustedes, entonces...

—Muy bien, Don Luis, muy bien, acertó —asintió esbozando una sonrisa.

—No me importa decírselo a un condenado. Somos nosotros los Hermanos del Martirio, no servimos a ninguna Iglesia, al contrario... pero esa es otra historia... Nos consideramos los sucesores de los templarios y, como tales, estamos reclamando la mayoría de los archivos u objetos que nos fueron robados, entre ellos su mapa. La copia del original de De la Cosa no nos ha sido dada, por eso la reclamamos. Es un cierto alivio saber quién la tiene... Así que mis hermanos y yo preparamos esta «trama» aprovechándonos de las envidias hacia usted en el pueblo.

Don Luis se sorprendía cada vez más sobre lo contado por el caracortada. Le contaba las cosas a él como si fueran amigos, sin secretos. Eso le asustaba ya que posiblemente, como bien decía ese supuesto hermano, acabaría sus días en aquella fortaleza. De lo contrario, ¿cómo se explicaba el que le cuente todo eso? Y si le indicaba el paradero del mapa, posiblemente le ocurriría lo mismo. En estos pensamientos estaba por unos segundos hasta que Don Beltrán volvió a hablar:

—Me siento intrigado... ¿Qué le contó concretamente De la Cosa sobre ese mapa?

Don Luis pensó al principio no decírselo, pero viendo que ya sabía la mayor parte de las cosas...

—Pues la mayoría de cosas que usted ha contado sobre el mapa. Todo lo hecho a mí y mi familia, ¿es para ayudarme, acaso?

—Su caso se nos fue de las manos, no teníamos otra alternativa. Necesitamos el mapa costara lo que costara.

—Sin importarles mi vida o la de mi familia.

—Costara lo que costara, le he dicho. No queremos que caiga en manos de la Iglesia.

—¿Y por qué no se lo pidieron a él antes y con buenas maneras? —preguntó Luis.

—Se lo pedimos pero no nos lo quiso dar. Decía que era su copia y que mientras estuviera con él, no caería en malas manos. Luego le perdimos la pista, hasta que nos dijeron su ubicación y supuesta defunción en las Indias. Pensábamos que el mapa se había perdido irremisiblemente, pero su amigo nos hizo ver lo contrario.

—Y aquí estamos, conmigo camino de prisión. Por un dichoso mapa... —apuntó con voz resignada Don Luis.

—No exactamente.

—¿Ah, no? ¿Pues a dónde vamos? ¿De excursión?

Don Beltrán se rió de la ironía de Don Luis.

—Entiendo, es su misión, y a los demás que nos parta un rayo.

—Más o menos, Don Luis.

—Por lo menos me ha dicho todo lo que quería saber... Ya es algo...

—Estamos llegando al castillo, así es que, ¿me puede decir ya dónde está el mapa, por favor?

De nuevo Don Luis se puso a meditar lo dicho hasta el momento por el caracortada y contestó:

—No, no voy a decirle dónde está, pues soy un hombre de palabra. Le prometí a De la Cosa no decir a nadie lo del mapa y no se lo voy a decir a nadie. Si mi buen amigo no se lo dio a ustedes, fue por algo que no me quiere decir y no porque se hizo el remolón... Además, tenía razón, es una copia suya, no de ustedes.

En ese momento el carro se detuvo... habían llegado ya al castillo. Don Beltrán se enfureció tanto con la respuesta de Don Luis, que el guardia que debía recoger al prisionero se vio en el suelo, encima de él, lanzado por el mismo caracortada. Don Luis desde el suelo lo maldecía mientras Don Beltrán, que seguía alterado, le decía:

—¡Estúpido! Me lo dirás tarde o temprano, si no tu dichosa familia hablará por ti, te lo aseguro.

Don Beltrán parecía fuera de sí. Le molestaba la obcecación de Luis, veía que por su culpa no resolvería la misión... Ya llevaba mucho tiempo malgastado en ese hombre, había sido dialogante con él... pero nada, no había manera.

—¡Metedle en la peor celda que haya, es un traidor al rey. Lleváoslo!

Llevarían unos pasos recorridos los guardias cuando Don Luis giró la cabeza y le dijo al caracortada:

—Espero que mi familia esté al salir yo de aquí, porque si no...

—¿Salir de allí? Lo dudo mucho. En tus manos estuvo el que tu familia fuera respetada. ¡Quitadle de mi vista —ordenó a la guardia, para luego dirigirse otra vez a Don Luis:— Y como cuentes algo de lo dicho por mí, no verás la luz del día siguiente... tenlo muy presente. ¡Quitadle de mi vista! —volvió a ordenar.

—¡Maldito bastardo, como los toques... Soltadme, no soy ningún traidor, soltadme!

Don Beltrán se quedó pensando mientras metían al prisionero por la puerta de la fortaleza. Estaba claro que el mapa tenía que estar en el pueblo, posiblemente no se había revisado bien la casa de Don Luis y había que volver a hacerlo. Vuelta al pueblo. Entró en la fortaleza y pidió un caballo al alcaide, diciéndole quién era, un oficial del rey, el que entregó el prisionero Don Luis de Herrera. Después de eso, subió al caballo, un soberbio alazán, por cierto, y partió a toda prisa a Colindres.

* * *

Carmen, del disgusto tan grande llevado por no poder despedirse de su marido, había vuelto a casa, ayudada como la última vez por Don Baltasar y por su hijo Juan, pues casi no podía ni andar de la impresión. Ya dentro de la misma, la mujer dejó de llorar. Sin embargo, levantarle el ánimo fue imposible, lo más que se consiguió es que hiciera una pequeña mueca. Era lógico que se sintiera tan triste pues lo que habían hecho con su marido era horrible: juzgarlo por ser una cosa que no había sido en su vida. Sabía en el fondo que la envidia había sido la causa de esa situación… y ese dichoso mapa. Por el camino hasta casa, se preguntaba por la conexión entre una cosa y la otra. Su marido no le había contado nunca lo del mapa, seguramente para que no lo supiera nadie, ni siquiera su mujer... Muy importante para él debía de ser para no contárselo a su familia.

Había que seguir protegiendo ese objeto como fuese, pues era para ella la tabla de salvación de la familia. Posiblemente chantajearan a Luis para que les diga dónde estaba... Se encontraba a merced del que lo quisiera. No tardarían mucho en encontrarle, había que sacarle de la casa y del pueblo, no estaba ya seguro allí. Todo esto estaba pensando Doña Carmen mientras, acostada, veía cómo su hija preparaba la comida y su hijo daba un vaso de agua a Don Baltasar al tiempo que hablaban de todo lo ocurrido.

—A mí no me preparéis nada para comer, no tengo hambre —dijo la mujer con voz algo rota.

—Tienes que comer, madre —contestó su hija.

—Te lo dejaré aparte, por si lo quieres más tarde —siguió diciendo Carlota.

—Te lo agradezco, hija mía.

Después la mujer mandó a su hijo Juan que se acercara a la habitación.

—Cierra la puerta, hijo, quiero hablar contigo un momento.

—Claro, madre.

Juan cerró la puerta de la habitación y volvió después donde su madre para oír lo que tenía que decirle. Parecía que Doña Carmen no se fiaba ya de nadie, posiblemente ni del propio Baltasar...

—Hijo mío, ya tienes una edad en la que puedes valerte por ti mismo. Además de eso eres un muchacho muy inteligente, y no lo digo solo porque sea tu madre. Te encomiendo que cojas el mapa de tu padre, la prueba de su inocencia, y vayas con él donde tu tío Carlos, ocultándote allí.

Su hijo, como ella esperaba, se sorprendió un poco de su decisión:

—Pero, madre, cómo voy a dejaros a Carlota y a ti, solas aquí, encima en tu estado, en este pueblo de envidiosos y odios hacia nuestra familia, más ahora que han soltado la gran mentira de que papá es un espía y lo hayan metido a la cárcel... Ahora soy yo el cabeza de familia, debo velar por vosotras... Así lo hubiese querido papá.

Doña Carmen, sonriendo como pudo, tomó suavemente la mano de su hijo y le contestó:

—No te preocupes por nosotras, hijo mío, Carlota cuidará bien de mí. Envidias hacia nosotros siempre han habido en este pueblo y siempre me han «resbalado», ya lo sabes. Y ahora su odio y envidia me importa mucho menos, solo me importáis tu padre, tu hermana y tú, lo demás no me importa. Además, tenemos aún buenos amigos en el pueblo, que nos ayudarán llegado el momento —Doña Carmen dijo esto último con la mirada llena de odio, mirando hacia la puerta.

Juan agachó la cabeza, reflexionando sobre lo dicho por su madre. El siempre quiso salir del pueblo, ver mundo, alistándose bajo las banderas para luchar valerosamente en algún frente o viajando al Nuevo Mundo, en alguna carabela para ver aquellas maravillas de las que contaban sobre esos lugares, pero, también es verdad, nunca había pensado en esa situación en la que tuviera que dejar atrás a una familia en la situación en la que se encontraba en aquel momento, es decir, rota.

Al ver a su hijo indeciso, Doña Carmen dejó el vaso sobre la pequeña mesa al lado de su cama y tomó, esta vez fuertemente, las dos manos de Juan...

—Hijo mío, el mapa es como una especie de legado que nos deja tu padre y la prueba de su inocencia, como te he dicho. Debes protegerlo como si fuera una parte de él. Intuyo que no volveré a verle más... me lo dice el alma —dijo la mujer dejando entrever un gran pesar.

—¡No digas eso, madre! —exclamó Juan—. ¡Tarde o temprano acabará saliendo, ya verás, y volveremos a ser una familia!

—Dios te oiga, hijo... Dios te oiga. Aun así, sigo pensando que es mejor que te vayas con tu tío por un tiempo con el mapa, hasta que se olviden de ello y demás...

—De acuerdo, madre, si insistes, me llevaré el mapa conmigo hasta donde tío Carlos.

Doña Carmen, feliz por la decisión final tomada por su hijo, le dio un beso en la frente diciéndole:

—Gracias, hijo. ¿Recuerdas dónde vivía tío Carlos? Seguro que no, ¿verdad? Hace tiempo que no vamos por ahí. Posiblemente te acoja con frialdad al principio, pues, no creo que te acuerdes, tuvimos algún roce cuando eras tú pequeño. Pero no te preocupes, siempre tuvo corazón, y más aún con su familia.

—De algo me acuerdo. ¿Vive en Sevilla, verdad? —preguntó.

—Sí, eso es, todavía vive allí. Cuando llegues pregunta por él, dices quién eres y seguro que te acoge, ya verás. Toma, coge este dinero.

Doña Carmen sacó una bolsa de piel de cordero, tamaño mediano, que tenía algo escondida en un rico apartado de la casa.

—¡No, madre, no lo cojo, son los ahorros familiares!

—Cógelos, no pasa nada, para eso los ahorré, para situaciones parecidas a la que nos encontramos. Necesitarás dinero para el viaje.

Su madre, mientras le decía eso, le puso la bolsa bruscamente en la mano. Éste la sujetó... No le quedaba más remedio, necesitaría el dinero... ¿De dónde lo iba a sacar él si no?

—No cuentes nada sobre el mapa a ningún desconocido, ya sabes. A cualquiera que te pregunte a dónde vas o cualquier cosa parecida, dile que vas a visitar a un familiar, y si te preguntan tu nombre o el del familiar, le mientes, dile unos nombres falsos, ¿de acuerdo?

Juan asintió. Estuvo unos segundos asimilando todo lo dicho por su madre, cuando ésta le volvió a dar indicaciones:

—Coge comida y agua suficiente y parte ya, hijo mío. Coge lo primero el mapa, que no te vea Don Baltasar, que ya no confío ni en él. Dale esto a tu tío...

—¿Qué es? —preguntó el muchacho.

—Es una carta en la que le explico la situación, y el porqué de tu visita.

Juan la cogió guardándola dentro de su chaquetilla. En ese momento pensó en su hermana diciendo a su madre:

—Carlota... habría que decirle lo de mi marcha...

—Después de irte se lo diré. Dile solo que vas a visitar a

tío Carlos, el resto ya se lo diré yo cuando te marches... ya sabes, es para no sobresaltarla mucho...

—De acuerdo, madre, le diré eso y haré todo lo dicho.

Doña Carmen, con los ojos algo humedecidos, acercándose a su hijo, lo abrazó y le dio dos besos, uno en cada mejilla.

—Siento que tengas que llevar esta pesada carga sobre tus hombros, hijo, pero sé que estarás a la altura de la situación.

—No es pesada, madre, mientras sea para ayudar a la familia y a papá.

Después de devolver los besos a su madre, Juan se giró y abrió la puerta de la habitación, viendo a Don Baltasar que se le acercaba preguntándole por su madre.

—Está mejor, puede entrar a verla, si quiere.

El sacerdote accedió poniéndose en escasos segundos a hablar con su madre, momento que aprovechó Juan para entrar en sus aposentos, levantar el falso listón debajo de su cama y sacar el recipiente con el mapa. Después, cogió un zurrón de color negro de la misma habitación, perteneciente a su padre, cuando de repente casi se da de morros con su hermana al intentar salir de allí. Ésta le pregunta:

—¿A dónde vas con eso?

Juan, sorprendido por la aparición de su hermana, contestó como pudo:

—Me voy, Carlota.

—¿Marcharte? ¿A dónde? ¿Lo sabe mamá?

—Shhhh... No alces tanto la voz... Sí, lo sabe, de ella ha salido la idea.

—¿Cómo? No lo entiendo. ¿Y a dónde vas?

—Me ha dicho que vaya a casa de tío Carlos.

—¿Hasta Sevilla?

—Sí, hasta Sevilla.

—¿Solo? ¿Y para qué? ¿Le llevas el mapa para ocultarle o algo así?

—Sí, voy solo... Tú tienes que quedarte a cuidar de nuestra madre —no podía mentir a su hermana, nunca supo cómo hacerlo a nadie y menos a su inteligente hermana...

Voy a ocultar el mapa allí, en casa de tío Carlos hasta que pase todo esto y se olviden, a ser posible, de él, ¿entiendes?

—Pero... —replicó confundida la hermana.

Sin esperar a que concluya la frase, Juan le besó en la mejilla y le dijo:

—No te preocupes, hermanita. Cuida de mamá, como te digo. Si Dios quiere, nos volveremos a ver pronto, te lo prometo.

Después se dirigió hacia donde había una hogaza de pan y algo de queso sobre la mesa donde comían, lo metió en el zurrón y salió por la puerta despidiéndose antes de Don Baltasar, que seguía hablando con su madre en la habitación. El muchacho, puede que sin saberlo, partía hacia una nueva vida, llena de sorpresas y algo de aventuras... aunque en esos momentos solo pensaba en coger un barco al rumbo señalado por su madre: Sevilla.

CAPÍTULO IV

Juan había llegado al puerto del pueblo, que no estaba muy lejos de su casa, para embarcarse en un barco que le llevaría hacia el sur. Eligió la ruta marítima no solo porque se llegaba antes, si no porque era algo más segura, pues la terrestre estaba infestada de peligros por todas partes, sobre todo por el peligro de salteadores y bandidos. La Corte lo había intentado todo para acabar con esa plaga, y durante un tiempo lo consiguió, pero al final volvió con más virulencia, si cabe. Muchos de los que formaban esas bandas se sabían que no lo hacían por mero gusto. Por lo general, era gente a la que no les había quedado más remedio, por ser padres, hijos, incluso madres de familias pobres y, además, numerosas.

También es verdad que la ruta marítima era también algo peligrosa, pues había que rezar para que no te cogiera una tormenta en pleno viaje, y más aún teniendo en cuenta que el viaje no iba a ser por el tranquilo Mediterráneo: la mayor parte del viaje sería por el océano, y solo al final ya entraría en las otras aguas... Aun así cogería esta vía, mejor que la terrestre. Cuando llegó al puerto, la noche empezaba a cubrir todo con su manto oscuro, aunque parecía que era bien de mañana por la actividad que se veía: muchas barcas se preparaban para salir esa misma noche, otros lo harían con las primeras luces del sol. El hijo de Doña Carmen se acercó a uno de los marineros que estaban ayudando a meter las mercancías. Le pregunto dónde estaba su capitán y si aceptaban pasajeros. El marinero, después de meter la cargar en la cubierta ayudado por otros y haber soltado la cuerda, miró al muchacho de arriba abajo y, sonriendo, le contestó:

—¿Eres Juan, el hijo de Don Luis de Herrera?

—Sí —contestó escueto Juan... Había que andar con pies de plomo.

—Yo soy Sebastián Molinero, hemos pescado juntos tu padre y yo durante años, con este barco —el hombre hizo un gesto con la cabeza señalando la embarcación.

Juan miró y se acercó al barco para verle mejor. Después se giró hacia el marinero y se le acercó para observarlo mejor...

—¡Es verdad, es el barco en el cual pescaba papá! —exclamó—. Perdona no haberme dado cuenta de quién eras, con la poca luz que hay...

—No pasa nada, hombre. Por cierto, siento todo lo que le ha pasado a tu padre. Es un buen hombre, no se merecía todo lo que le ha ocurrido.

—Gracias, amigo. No, no se lo merecía.

—Bueno, cuéntame, ¿a dónde vas, te marchas del pueblo?

Juan, como le sugirió su madre, contaría siempre a partir de ahora la historia de su viaje a medias.

—Voy a visitar a un familiar que vive en Sevilla para contarle en persona la noticia de la suerte de mi padre. ¿Sabes qué barco va para allá, amigo Sebastián?

El marinero giró su cabeza, se puso a mirar los diferentes barcos anclados en el puerto y contesta al muchacho:

—A Sevilla le toca ir a aquel. Para en Lisboa y de allí va luego a Sevilla. En cuanto carguen todo, me imagino que saldrán en una hora, como mucho, pues esos van rápidos, señor.

—Gracias, Sebastián. Estaré por aquí mientras acaban.

—De nada, hijo, para eso estamos. Voy donde ellos y les digo que vas a subir a su barco y luego te aviso para cuando partan.

Juan asintió a la sugerencia del marinero. Estuvo después dando vueltas por el puerto observando la carga y descarga de los marineros. «Una vida muy dura la del marinero —pensaba lo que le había dicho una vez su padre—, pero hace a los hombres verdaderos hombres».

Al poco, se acercó Sebastián informándole de que fuera hacia el barco por pues iba a partir ya. Juan abrazó al marinero, dándole mil gracias por su ayuda. Después se dirigió hacia el navío. Allí le estaba esperando su capitán, otro amigo de su padre llamado Marcos, o Marquitos, para los amigos. Así es como se presentó al muchacho. Subieron la pasarela, detrás de ellos la quitó un marinero, soltaron amarras y el barco salió del puerto rumbo a Lisboa.

De lo primero que se dio cuenta es que parecía que no habían limpiado el barco en años, por el olor, sobre todo en la bodega, que era a veces nauseabundo. Era normal, mucho tiempo en el mar, gente hacinada como sardinas...

En su primera noche en el barco, cuando se fue a dormir, se puso a pensar en su familia, dándole vueltas a todo lo pasado por ella, pensando también que algún día descubriría el porqué de los desdichos de su padre, algún día...

Durante la travesía, Juan, como un marinero más, tuvo que hacer trabajos en cubierta, esto es, limpieza de la misma, ayudar a desplegar y arriar velas, etc. Como su padre le había dicho, era una vida dura, pero gracias a la ayuda de los demás marineros, era llevadera hasta cierto punto. Hizo buenas amistades en el barco, como el negro Joaquín. Este hombre llevaba poco tiempo en la mar, pero debido a su enorme cuerpo y a su tesón, se adaptó rápido al oficio.

Casi en un mes llegaron a Lisboa, capital del Reino de Portugal. Cuando Juan desembarcó junto con el resto de la tripulación, se quedó impresionado de lo que vio en el puerto. Nunca antes había visto semejante ebullición de gente en un puerto. Productos de todo tipo y de variado origen se congregaban allí. El hijo de Don Luis estaba feliz, por fin empezaba a descubrir mundo, como él siempre había querido de niño. Al visitar la ciudad se dio cuenta enseguida de que los marineros no le habían mentido sobre Lisboa durante la travesía: era una ciudad realmente cosmopolita. Puede que no fuera como las ciudades de Oriente, de las que tanto oyó hablar de niño a algún marinero de su pueblo, que seguro que exageraría... pero, sin duda, era una gran ciudad, la primera conocida por el muchacho.

Paseó por sus calles atestadas de gente. En concreto pasó por una calle llena de pequeños bazares al aire libre. Allí vio lo visto ya en el puerto, todos los productos provenientes de las colonias portuguesas. La gente compraba y vendía y no paraba sino solo hasta que se hacía de noche.

Mientras paseaba por las calles lisboetas, pensaba en sus deseos de conocer a su tío en Sevilla. De lo poco que se acordaba de niño y de lo contado por su madre. Tío Carlos era una persona muy cultivada e importante en la ciudad del sur. Sumido en esos pensamientos y habiendo visto lo dicho más arriba, a Juan se le hizo el tiempo corto, ya que cuando más entretenido estaba, tuvo que regresar al puerto y subir de nuevo al barco pues el tiempo dado por el capitán había terminado. Éste le esperaba en la pasarela. El chico había llegado de los últimos al embarque. Zarpaban al poco hacia el final del viaje.

En menos de dos semanas, gracias al buen viento de popa,

sin ningún quebranto, el barco entró en el puerto sevillano dando gracias todos al cielo por haber llegado sanos y salvos a la primera parte de su viaje.

Después de atracar y bajar de él y de despedirse de todos los marineros, sobre todo del negro Joaquín y del capitán, Juan marchó hacia el centro de la ciudad. El movimiento de gente allí era parecido, o incluso se podría decir, mayor del visto en Lisboa. Las mercancías que llegaban del Nuevo Mundo no tenían para nada que despreciar de las vistas en Lisboa, muy al contrario, en Portugal apenas había visto oro, mientras allí vio descargarse en el puerto remesas del valioso material que era custodiado fuertemente y transportado hacia algún rincón de la ciudad para ser almacenado y luego distribuido.

Sevilla era el centro comercial español más importante de la época por ser la parada obligada de los navíos que iban y venían de las colonias.

Juan, mientras tanto, como había hecho en Lisboa, disfrutaba de lo que veía. Lo observaba todo con curiosidad, guardándolo todo en su memoria. Cuando pensó que era el momento de preguntar por su tío, empezó a hacerlo por las calles. Nadie lo conocía, y eso que era un personaje importante en la ciudad, pues había llegado a ser magistrado. Por los rostros pudo comprobar que no debía ser muy querido. Al ver que no conseguía que nadie se lo dijese, siguió explorando las calles sevillanas atestadas de gente. No encontraba a nadie que le dijera el paradero de su tío Carlos... simplemente no querían decírselo. Entonces decidió seguir probando suerte al día siguiente. Con unas monedas pagó un pequeño rincón en una posada para poder pasar la noche en una cama llena de chinches por todas partes.

Al día siguiente siguió con su búsqueda. Mientras iba por la calle mirando lugares y a quién preguntar, distraído tropezó con un anciano al que tiró al suelo. Éste llevaba rollos de pergaminos que cayeron al suelo junto con él. Al instante Juan pidió perdón, levantando al anciano. Después ayudó al hombre a recoger los rollos de papel pidiéndole perdón de nuevo.

—Perdón, señor, no le había visto...

—No te preocupes, muchacho, con una vez que pidieras perdón bastaba.

—¿Es usted de Sevilla? —le preguntó.

—Sí, ¿por qué?

—¿Conoce a Don Carlos Girón, antiguo magistrado de esta ciudad?

—Lo conozco. Soy de los pocos amigos que tiene —contestó el anciano.

—¡Gracias a Dios, por fin alguien que lo conoce! Perdone, pero es que parece que nadie le conocía.

—Es normal, muchacho, no es muy dado a hacer nuevas amistades.

—Vaya.

—¿Y quién pregunta por él, si puede saberse?

—Me llamo Juan, soy su sobrino por parte de madre, de Colindres. Vengo a hacerle una visita y enviarle de paso saludos del resto de la familia.

—Entiendo. De vez en cuando es de lo único que se le oye hablar, de su familia, de las únicas veces en las que abre su corazón a los demás.

—¿Así que usted es amigo suyo? ¿Cómo se llama? —preguntó el muchacho.

—¡De los pocos que tiene! —exclamó el anciano como con orgullo—. Me llamo Isaac.

—¿Y de qué conoce a mi tío? Perdone por preguntarle tanto, pero es que me gusta saber bien con quién hablo, ¿entiende?

—Te entiendo —dijo sonriendo—. No pasa nada, hijo, me parece bien ser precavido.

—Pues verás... le conozco desde hace unos... quince años o así, casi desde que llegó a la ciudad. Tengo en mi casa un rincón reservado para los «amigos» que quieren saber su *horóscopo* u otras cosas del pasado... Un día me vino tu tío, llevado allí por un amigo que teníamos en común, y me pidió que le hiciera un horóscopo, como los que llevo ahora.

Juan se sorprendió de esa palabra, pues ni la conocía, así que le preguntó qué era eso de un *horóscopo*. Isaac le contestó que era decirle su futuro a alguien observando la posición de los astros y, siguiendo el tema, le habló de las cartas astrales. Al hijo de Don Luis le interesó mucho el tema, pidiéndole al viejo Isaac que le enseñase esos horóscopos que llevaba encima. Los vio y quedó fascinado aun más con el tema. Al ver el anciano esa fascinación en sus ojos, le prometió que cuando llegaran a su casa le enseñaría más y, en algunos casos, mejores que tenía allí. Además, le siguió diciendo a Juan que su casa estaba muy cerca de la de su tío y que podría visitarlo y que luego él le enseñaría más cartas. Juan accedió gustoso.

El colindrés iba algo inquieto debido a que desde pequeño no había vuelto a ver a su tío. Por ello iba algo nervioso, no sabía cómo lo recibiría, aunque, según el viejo, parecía que pensaba de vez en cuando en la familia. Pronto saldría de dudas.

Mientras iban andando por las calles de la ciudad, Juan y el anciano que había accedido gustoso a llevarle junto a su tío, hablaban sobre cosas como la vida por allí, las muchachas... tema este último que hizo especial gracia a Isaac, contestando como mejor pudo. Juan, mientras tanto, pudo contemplar las calles sevillanas, con sus casas pequeñas, bien alineadas. También pudo escuchar el típico acento andaluz... no se lo había oído a Isaac, tan curioso y, a la vez, tan original. El anciano le dijo que de lo más bonito de la ciudad, además de sus monumentos, eran sus gentes.

Juan escuchaba los comentarios de Isaac con atención, necesitaba conocer bien el lugar donde iba a vivir posiblemente una larga temporada, así que todo lo contado por el anciano era bienvenido.

Por fin llegaron a una calle cerca del centro de la ciudad. El anciano se detuvo de repente. Rápidamente Juan se dio cuenta de que habían llegado. Isaac le señaló con el dedo cuál era la casa de su timonera, una casa algo vieja ya, situada al final de la calle, de color gris, diferente al resto, pues las demás eran de color blanco. Después el viejo le señaló la suya diciendo:

—Mi casa es aquella de allí —el anciano le señaló una que estaba al principio de la calle—. Pertenece a mi familia desde hace cuatro generaciones —esta vez hablaba con tono de orgullo—. Ahí vivo con mi hijo, te lo presentaré luego... primero saluda a tu tío, dile que estas aquí.

—Sí —contestó el muchacho.

—Voy a dejar estas cartas, cojo otras mejores para que las veas, y estoy en un momento con vosotros.

—De acuerdo, amigo, y mil gracias por haberme ayudado a encontrar a mi tío.

—Nada, nada, jeje... vas a hacer mucha ilusión a tu tío, ya verás.

Después de decir esto, el anciano fue a su casa a dejar los papeles. El colindrés seguía algo nervioso por la sorpresa que se llevaría su tío. Llamó a la puerta de casa dando con sus nudillos con algo de seguridad. En pocos segundos le abrió la puerta una persona de ya cierta edad y algo baja. Juan, al poco de ver al sujeto en cuestión, le preguntó por Carlos Girón. El hombre tenía los ojos como entreabiertos, presumiblemente por haber estado durmiendo. Al oír el nombre, miró de arriba abajo al muchacho, abrió completamente los ojos, tanto que perecía salírseles de las cuencas, y sin más pregunta:

—¿Quién eres, muchacho? ¿No serás Juan, el hijo de mi hermana Carmen, verdad?

—Sí, soy Juan, tu sobrino, ¿cómo me has reconocido tan rápido?

—Te pareces mucho a tu madre.

El hombre que tenía delante Juan empezó a esbozar una sonrisa en su arrugada cara, saltando después sobre el hijo de Don Luis, como cuando era chaval, y le abrazó con fuerza. Tan fuerte apretaba que parecía que le iba a romper todas las costillas. Cuando ya parecía eso, el viejo le soltó diciéndole que él era la persona buscada. Su tío Carlos estaba delante de él. Juan sonrió volviendo a abrazarlo, ya esta vez sin nervios. Su tío le preguntó qué hacía por aquellos lares y el muchacho le contestó, haciendo un resumen, la situación de la familia y el porqué de su visita. Carlos, esta vez con cara tensa, le respondió que no se preocupara, que allí se podía a quedar a vivir con él. También le preguntó la razón por la que no habían venido también su madre y hermana con él. Juan contestó que su madre le había dicho que tenían que estar atentas a su padre. Después de ese pequeño diálogo, el tío le invitó a pasar. El muchacho entró gustoso... estaba cansado, necesitaba sentarse un rato, el viaje había sido ilustrativo pero muy largo. Carlos le dio una pequeña silla de madera y le preguntó si tenía sed y tras la respuesta afirmativa del muchacho marchó al momento a por un vaso de agua. Mientras se lo traía Juan tuvo tiempo de observar el recinto por dentro. Lo primero de lo que se dio cuenta es que, si bien por fuera la casa no parecía gran cosa, por dentro, en cambio, era espaciosa, o al menos así parecía debido quizás a que estaba bien distribuida e inteligentemente organizadas sus dependencias. Sin embargo, el olor no era para nada agradable al olfato y la suciedad campeaba a sus anchas. «No basta con estar ordenado un sitio, pues también tiene que estar limpio», pensaba Juan. Luego, habiendo traído un vaso de agua el viejo, se lo dio al muchacho para beber. Éste lo hizo al segundo, cuando su tío se dio cuenta ya Juan había dejado el vaso sin apenas gota de agua.

—¿Más agua? —preguntó el tío.

—No, gracias, es suficiente.

Juan devolvió el vaso a su tío y éste lo puso sobre una mesa cercana. Durante unos segundos estuvo observando al muchacho, parecía como si le estuviera estudiando, hacía años que no se habían visto. No estaba acostumbrado a recibir apenas visitas, vivía solo, aunque, eso sí, su buen amigo Isaac le hacía compañía de vez en cuando. Nunca se olvidaba de él y éste se lo agradecía de corazón. Después de esos segundos de pensamientos, su tío le mandó sentarse y que le explicara con pelos y señales todo lo ocurrido.

—Cuéntame todo... Ya sabrás que he sido magistrado de esta ciudad. Igual todavía puedo hacer algo por tu padre...

—Lo dudo, tío Carlos.

—La condena está hecha, como sabrás.

—¿Y? Reuniendo de nuevo las pruebas, examinándolas detenidamente, se puede hacer algo, se podría reabrir el caso, ¿entiendes?

El muchacho, con aspecto abatido, dejó correr por su mejilla la primera lágrima... Contestó como buenamente pudo:

—Hay mucha gente con demasiado peso en el pueblo acusando a mi padre...

Su tío, sorprendido por la respuesta, con curiosidad, le volvió a preguntar:

—¿Y quién es esa gente, si puede saberse? Tu madre no me ha dado los detalles.

—Pues, la mayoría del mismo... todos estaban conchabados.

—Vaya.

Juan le contó la verdad, según lo que pensaba su familia, sobre el porqué habían metido a su padre en prisión. Le contó lo del mapa de Juan de la Cosa, lo sacó del recipiente en el que lo llevaba guardado, enseñándoselo para que le crea. Carlos estaba asombrado por todo, empezó a darse cuenta, como ellos, del porqué de aquel disparate.

—¿Por este mapa han montado toda esta especie de circo? ¿Y ese «agente» que os persigue, quién es?

—Alguien mandado por algunas otras personas poderosas, posiblemente el que ha revuelto todo en el pueblo, quién sabe. Lo que está claro es que me persigue por tener el mapa.

—Pues entonces cuídalo y guárdalo con tu vida. Yo sé un poco la leyenda, contado sobre ese mapa, ¿sabes? Domino algo esos temas gracias a mi buen amigo Isaac, «el judío», como yo le llamo... Es un experto en esos temas, podríamos decir, misteriosos. Él me lo cuenta para entretenerme los días en esta casa. Deberías conocerle, yo te lo presentaré, es un hombre muy interesante para estos temas...

—Ya lo he conocido antes.

—¿Ah, sí? —preguntó extrañado Carlos.

—Sí, gracias a él encontré esta casa. Me dijo que te hizo un horóscopo, que te encanta la astrología.

—¿Eso te dijo? —preguntó sonriendo el anciano.

—Sí.

—Para ser sincero, me encanta, para qué mentir. Como nunca me he casado ni he tenido hijos y el trabajo me dejaba algún que otro momento de relax, mas ahora estando «jubilado», pues he podido dedicarle mis horillas al tema, sobre todo teniendo a mi amigo Isaac cerca para orientarme, como si fuera mi maestro... Poco después de hablar de Isaac, se oyó una voz proveniente de la puerta de la calle, una voz reconocida por el tío de Juan como la de su amigo el judío. Carlos le abrió la puerta y le abrazó, conduciéndole luego a donde estaba su sobrino. Se sentaron a hablar los tres un buen rato, Carlos para informarse, aun mejor si podía, sobre el caso de su familia. En ello consistió una parte de la conversación, en la que también intervenía Isaac para conocer algo mejor de la familia de su amigo. La otra parte fue sobre el mapa portado por el muchacho. Había que guardarle a buen recaudo, sobre todo sabiendo que era buscado por el caracortada. Isaac le pidió al muchacho que le enseñara el mapa. Después de observarle detenidamente sobre una mesa, mientras sonreía, comentó algo sobre la existencia de mapas parecidos a ese. Isaac contó que una especie de secta llamada Los hermanos del Martirio quería hacerse con todo lo que, como decía él, «pueda abrir demasiado las mentes al ser humano». Juan, cada vez más interesado en la historia del mapa, sorprendido al saber que habían más mapas parecidos por ahí, sobre la secta y, sobre todo, necesitado de saber más para poder comprender mejor su situación y la de su familia, preguntó al judío por todo lo que sabía sobre el mapa y su historia. Isaac accedió tranquilamente a contárselo. Empezó diciendo que, según había investigado, existían mapas parecidos al que se le enseñaba en ese momento repartidos por varias cortes europeas y de Oriente llamados Mapas Portulanos.

—Son copias de copias de un supuesto mapa original en el que se podría haber visto al mundo tal y como es.

—¿Y qué sabes de su antigüedad? —preguntó Juan al viejo judío sobre aquel «mapa de mapas», como lo llamó.

—No lo sé con certeza, pero se dice que es de los tiempos de Alejandro Magno, e incluso de mucho antes.

—¿De antes del gran Alejandro? ¡Entonces sí que debe ser antiguo! —exclamó el muchacho.

—Según dicen, sí.

—¿Y quién pudo haber hecho semejante mapa en tiempos tan remotos? Yo sé algo de Historia, pero antes de Alejandro, es mucho tiempo... ¿Quién lo haría?

—Antes del gran Alejandro hubo más civilizaciones, amigo Juan. Estuvieron, por ejemplo, los propios persas derrotados por él, Babilonia, Asiria, Egipto... Incluso he llegado a la conclusión de que antes de éstas hubo otra más antigua, puede que la primera de todas ellas. Se le llamaba Sumer...

—Entonces puede que alguna de ellas fuese la que dibujara el mapa. Salvo de Egipto y Persia nunca había oído hablar de ninguna de ellas. Son muy antiguas, por lo que parece, ¿no?

—Son muy antiguas, sin duda. Antes de Alejandro, de los primeros albores de la civilización. Pero tengo mis dudas respecto a que alguna de estas civilizaciones tuviera algo que ver con el dibujo de esos mapas.

—¿Por qué? —preguntó Juan.

—Es una teoría más... Para crear semejante mapa habría hecho falta unos conocimientos cartográficos y de este mundo superiores... De eso estoy seguro. Esos mapas no podrían haber sido dibujados con tanta perfección, desde aquí, desde el mismo suelo... es imposible. Dicen que muchos de esos mapas están basados en fuentes chinas. Pero, es como si hubiesen sido hechos por un pájaro desde el aire. Y ahí es donde toco como fondo: ¿quién pudo hacerlo desde el aire? El pájaro, descartado, eso está claro, jeje... —rió apagadamente el judío—. Tengo alguna idea sobre ello, pero es casi imposible asegurarlo...

—¿Cuál es esa idea?

En ese momento, su tío Carlos, que había estado escuchando a Isaac y a su sobrino largo rato sin hablar, entró en la conversación esta vez y dijo:

—Creemos que fueron seres superiores, hijo... seres superiores...

—¿Dioses o algo así? —preguntó con sorpresa Juan.

Los dos viejos se miraron en ese momento, como preguntándose con sus gestos si decir lo que pensaban o no. Isaac se decidió a hablarle:

—Dioses... Así es como lo han creído, como lo hemos creído los humanos durante siglos. En diferentes civilizaciones del mundo, según tengo investigado, se les ha llamado de este modo u otro. Si lees sus mitos y leyendas, verás que la historia que se cuenta en ellos es, en su base, parecida. «Seres provenientes del cielo para civilizarnos, dándonos leyes, arquitectura, etc.».

Juan estaba cada vez mas sorprendido de lo oído de labios del judío. ¿Seres del cielo? ¿Serían ángeles? Nunca había oído semejante historia. No sabía si tratarle como un loco o hacerle caso, que era lo que parecía dictarle el corazón. Había algo en esa historia que era fascinante para él y quería saber más. Dejó seguir al judío...

—Esa es la verdadera historia, un misterio que lleva siglos oculto por instituciones como la Iglesia. Una historia que jamás tienes que revelar por ahí a cualquier persona, ¿de acuerdo?, si no quieres acabar como muchos de mi familia a lo largo de la historia... muerto.

—No os preocupéis, el secreto estará bien guardado. ¿Mataron a tu familia? ¿Quién? —preguntó Juan.

—Para contestarte a eso, primero te tengo que contar resumidamente la historia de mi vida.

—De acuerdo.

—Mi familia es originaria de Israel. Llevamos vagando por el mundo generaciones, como muchas otras familias judías, desde el horroroso saqueo de Jerusalén por los romanos en el año 70. Nos asentamos en diferentes provincias del

Imperio pero sin perder el contacto entre nosotros. Pasaron los siglos, y mis antepasados fueron moviéndose como nómadas por diferentes territorios como Egipto, Grecia, Italia... hasta llegar aquí a España, donde al principio se nos dejó vivir tranquilamente, hasta la llegada de la Inquisición, que persiguió a mis dos hermanos por no comulgar con sus ideas, aunque fueran cristianos. Muchos de ellos no sé si siguen vivos o están muertos. De mi familia sólo quedamos mi hijo y yo. Mi mujer murió el año pasado, de cuartanas. Y sigo aquí, porque esta ciudad se ha portado con nosotros muy bien, nos ha dado protección y cobijo desde mi llegada hace años.

—Acabaron con la mayor parte de tu familia entonces.

Al oír eso el judío, sonrió durante unos segundos y volvió a decir:

—En parte sí, el pueblo judío ha sido perseguido siempre por sus ideas, no sólo por su religión. Siempre hemos guardado muchos secretos y hemos combatido contra todo aquello que gire en torno a las mentiras y a los falsos profetas o iglesias y nunca nos hemos arrodilladlo ante nadie, pues fuimos siempre el pueblo elegido por Dios.

El muchacho recibía toda esa información, asombrado. No, la verdad, nunca había oído tales críticas contra la Iglesia. Si alguien, que no fuera él oyera al judío decir tales cosas, acabaría denunciado por hereje. De todas formas, algo de razón tiene que tener el anciano ya que el caracortada iba detrás de él sólo por un mapa misterioso.

—Pero peor que ella, hay otra cosa, como ya te dijo antes tu tío: los Hermanos del Martirio.

—¿Y, concretamente, quién es esa gente?

—Según tengo entendido, una secta secreta que dicen ser los descendientes de la desaparecida Orden Templaria, combaten a la Iglesia por haber acabado con sus hermanos, como ellos los llaman, pero estos rivalizan con ella por el control de los «misterios de este mundo», y los métodos que utilizan para conseguirlo no son nada buenos., Torturan y asesinan sin piedad a todo aquel que se ponga en medio de su camino. Son como la cara oscura de la antigua Orden del Temple. Posiblemente el que te persigue sea de esa secta, que para nada tendría que ver con la Iglesia católica.

Su tío e Isaac, al ver al muchacho quedarse con cara de asombro, le volvieron a decir, casi los dos al mismo tiempo, que no dijera nada de esto a nadie, que era su secreto. «Como para decirlo», pensó instantáneamente Juan. Con ello daría más motivos a su persecución y a que se le encerrase de por vida en la celda más perdida del mundo. Su tío se levantó súbitamente preguntando a su sobrino y al judío si querían comer algo. Ellos respondieron que sí.

Al marchar Carlos, se quedaron Isaac y el muchacho mirándose unos segundos el uno al otro. Juan, por seguir intentando asimilar lo oído, Isaac, para ver si el chico había entendido todo lo dicho antes. Juan empezaba a asimilar lo oído. Se podía interpretar que su mente, joven y despierta, estaba más abierta y predispuesta a las cosas e ideas más nuevas que podría oír. Cuando uno es joven es, probablemente, más crédulo, más abierto a todo lo nuevo o diferente que se ve o se cuente. Con ello, Juan asumía más las teorías contadas por su tío e Isaac, y siguió preguntando, cuando acabó de salir de sus pensamientos.

—Así que... ¿ahí arriba hay vida?

—Muy posiblemente, sí —contestó el judío.

—Es increíble. ¡Eso desmontaría casi todas las cosas que nos han dicho desde niños!

—¿A qué teorías te refieres concretamente?

—Pues me refiero a la vida en otros planetas, fuera de la Tierra... y que decís que vinieron a crear al ser humano, teorías de esas... Que no son dioses, vamos.

—Eso es. Si te embarcas en teorías parecidas, lo primero de lo que tienes que darte cuenta es que la base a considerar es que no son dioses con poderes mágicos. Mira, Juan, al estudiar la historia de las grandes civilizaciones, cosa que es un legado de mi familia pues siempre nos hemos interesado por la cultura, hemos investigado la Biblia, los mitos y leyendas antiguas y, sobre todo, nos ha importado siempre la pregunta por nuestro origen: ¿de dónde venimos? E incluso hacia dónde vamos. He llegado a la conclusión de que todos tienen historias similares en cuanto a sus orígenes como civilización, como te dije antes: Egipto, Sumer, China... y ahora que estamos descubriendo las tradiciones de las civilizaciones del, para mí, mal llamado Nuevo Mundo, también, lo más seguro.

—¿Y esos mitos, como tú les llamas, de qué hablan?

—Pues siempre de seres que vinieron del cielo a civilizarnos y a enseñarnos todo lo relacionado con el arte, la cultura... Ponen los cimientos y las poblaciones de esos lugares siguen construyendo encima de esos cimientos.

—¿Y luego, después de todo eso, que más hacen esos seres? —preguntó intrigado Juan.

—Pues parece que se marchan por donde vinieron, con promesas de volver.

—Vaya...

—Además la Biblia dice que estamos hechos a imagen y semejanza de Dios... piénsalo también.

En ese momento Carlos regresó con la comida. Después de preguntarles si lo ofrecido les gustaba, Juan respondió que estaba muy rico... El hambre que tenía le hizo decir esto, pues realmente la comida estaba un poco sosa para su gusto, pero, al fin y al cabo, era comida.

—¿Y qué te parece lo contado por Isaac?

—Es increíble, empezamos hablando sobre un mapa y

hemos acabado conversando sobre supuestos seres de otros mundos. Todo eso, querido, es increíble, sin embargo, me está empezando a gustar el tema.

A los pocos segundos de oír eso y mientras partía un trozo de pan para llevárselo a la boca, el judío le dijo al muchacho:

—Así es la Historia, hijo... empiezas con un tema en concreto y acabas sin apenas darte cuenta con otra diferente, aunque viniendo del mismo hilo.

—Entiendo. Tengo una duda más...

—Dime.

—Usted dijo que estamos «redescubriendo América». ¿A qué se refería?

—Pues a eso mismo... Se ha vuelto a descubrir, pues ya estaba descubierta, seguramente.

—¿Se adelantaron a Don Cristóbal? ¿Quién?

—Los nativos de aquellos lugares estaban allí ya, ¿no?

—Sí, es lógico, ellos lo colonizarían.

—Nunca se repara en ese dato, o muy poco.

CAPÍTULO V

Y mientras Juan seguía asombrándose y a la vez que le encantaba lo oído, el perseguidor Don Beltrán acababa de llegar a Lisboa siguiendo sus pasos cual ave rapaz acechando a su presa. Allí empezó a preguntar a las gentes del puerto sobre un chico de unos veintitantos años, etc. Escudriñó las calles de la ciudad buscando a alguien que le dijera algo sobre el paradero del muchacho, pero sin resultados.

Andando por una calle, ya de noche casi cerrada, entró en una taberna para tomar algo y descansar un rato, a ser posible. Estaba rebosando de gente. Se acercó como pudo a una tabernera y le pidió una cerveza. A los pocos minutos se la sirvió con increíble rapidez. El caracortada se apoyó en una pared a beber su cerveza. En ese momento, mientras daba el primer sorbo, oyó a uno de tantos borrachos, que parecía hablar español, hablar algo sobre un chico al que le había ayudado a marchar de Lisboa con rumbo a Sevilla. ¿Sería el que él buscaba?, se preguntó el caracortada... lo averiguaría. Salió de la taberna y esperó a la salida del borracho en un rincón de la calle para hacerle algunas preguntillas sobre el asunto. Como él esperaba, después de mucho rato, el borracho salía del recinto hacia otro rincón de la calle a orinar.

El caracortada se le acercó sigilosamente, mirando antes a su alrededor por si había algún guardia local. Después, al ver que no había moros en la costa, se abalanzó sobre él con rapidez felina, empotrándole contra la pared, sin que apenas su víctima pudiera defenderse, aunque hubiera sido difícil en su estado. Don Beltrán preguntó por el muchacho del que había hablado en la taberna: dónde le había visto por última vez, a dónde iba... en fin, todo.

—¿Quién es usted?

—¡Alguien que le busca! —fue la respuesta del caracortada.

Al ver que el pobre borracho no soltaba prenda, seguramente más por miedo y por estar ebrio, le ofreció darle unas monedas para que bebiera más vino a cambio de que le dijera lo que quería oír. El marinero estaba algo más tranquilo, presumiblemente por oír en su cabeza el ruido de las monedas, pues parece que el sonido y el olor del dinero es más relajante en algunas personas que cualquier música celestial.

El borracho acabó por acordarse completamente del muchacho, indicio de que se le estaría pasando el efecto del vino. Se insultaba a sí mismo por haber dicho nada de él en la taberna, pero aun así, no contaba nada a su agresor. Éste, harto ya y con prisa por acabar, tapó la boca del marinero y empezó a golpearle con fuerza en las costillas. La víctima no podía soportar más el dolor. El caracortada veía caer por las mejillas del borracho alguna que otra lágrima. Don Beltrán soltó su mano de la boca, volviéndole a preguntar por el muchacho.

Cuando parecía que iba a decírselo, el marinero le escupió en la cara. Esto enfureció aún más, si cabía, al caracortada, que le agarró por la boca, golpeándole esta vez con tanta fuerza que ya no salían solo lágrimas de sus ojos sino también sangre de su boca. Retiró la mano, y casi medio moribundo, hablando muy bajo por el dolor, dijo todo lo que quería saber el interrogador. Don Beltrán soltó a la víctima, que cayó de caloyo y se marchó tal y como había venido... como un rayo.

En Sevilla, mientras tanto, Juan, su tío e Isaac habían terminado de comer siguiendo con el diálogo. El muchacho acabó diciendo que todo lo escuchado hasta ese momento le fascinaba, pero que también le asustaba un poco debido a que si todo eso era cierto, la Historia debiera ser cambiada.

—La Historia debiera ser reescrita o, por lo menos, revisada, pues muchas de las cosas que damos por sentado sobre nuestro pasado han sido malinterpretadas o, como máximo, inventadas —sentenció Isaac.

Al poco de decir eso, Isaac se despidió de Carlos. El muchacho, estaba algo cansado —la edad no perdona—. Les invitó a cenar más tarde en su casa, con su hijo. Carlos y el muchacho accedieron gustosos. Después de eso, Isaac se marchó. Carlos se giró hacia su sobrino preguntándole:

—Y bien, sobrino, ¿qué te ha parecido Isaac?

—Hay que reconocer que es un hombre increíble. Todavía estoy asimilando todo lo contado por él.

—Sí, a mí también me pasó la primera vez que le oí.

—¿De dónde ha sacado esos conocimientos? —preguntó Juan intrigado.

—De libros muy antiguos, muchos de ellos llevan con su familia generaciones. Y de sus propias conclusiones.

—Pues ha hecho que se despierte en mí un gusto por esos temas... Es como si me hubiese hecho ver la luz... o algo así...

Carlos, sonriendo, dijo a su sobrino:

—Sí, ese es el poder, si se le puede llamar así a lo que tiene el amigo Isaac. Como te he dicho, a mí también me pasó lo mismo con él en su día... al principio no creía una palabra, pero luego, mediante respuestas directas, me empezó a convencer de tal manera que ahora creo a pie juntillas todo lo dicho por él.

—Pero dime, cambiando de tema, ¿estás cansado? ¿Quieres acostarte un rato antes de la cena?

—Sí, la verdad es que estoy algo cansado del viaje y no me vendría mal dormir un poco.

—¡Claro! Te enseñaré tu habitación.

Carlos llevó a Juan a la única habitación de la casa en la que había dos camas. Era relativamente grande, paredes algo agrietadas pero acogedora. Dentro de la habitación había una pequeña mesa vieja con una lámpara de aceite encima y una biblia. El muchacho se percató que el libro estaba abierto, concretamente en uno de los capítulos del Génesis...

Al ver eso, el muchacho preguntó a su tío:

—¿Lee la Biblia, tío?

Carlos sonrió y respondió:

—Sí, y como podrás ver, el tema es similar al tratado antes...

—El Génesis.

—Eso es, el Génesis, el relato de la creación del hombre en la tierra. La Biblia no sólo es un libro de tipo religioso, aunque sólo parezca eso, es un libro que hay que leer como un libro en el cual se recogen muchos datos sobre nuestro supuesto pasado, en muchos casos olvidado. Hay que leer entre líneas, pues muchos párrafos han sido manipulados o directamente, en muchos casos, borrados o perdidos a lo largo de los siglos.

La palabra manipulado resonó en la cabeza de Juan y le hizo volver a pensar en lo dicho antes por el judío sobre la verdadera Historia, la Iglesia...

—Gracias, tío.

—¿Gracias? ¿Por qué? —el tío, extrañado, le preguntó.

—Por ser como eres, por contarme todo lo contado hasta ahora.

—Apenas te hemos contado ni la mitad.

—Pero descansa un poco, sobrino, luego iremos a casa del amigo Isaac a seguir con la conversación y a leer algunos escritos recogidos por generaciones de su familia.

—Voy a descansar, sí, de acuerdo, seguiremos conversando luego con Isaac.

Después de oír esas palabras, Carlos se giró y observó que el muchacho había cogido la biblia de la mesa por el capítulo dejado por él... sonrió y se marchó. Al poco, Juan puso una marca con la uña en la parte donde estaba el capítulo dejado por su tío y cerró los ojos mientras pensaba en todo lo leído ahí. Tras unos segundos, se quedó profundamente dormido.

Una hora después, tuvo que venir su tío a despertarle pues era hora de cenar. Carlos le despertó suavemente para no asustarle en pleno sueño.

—Despierta, sobrino, hay que cenar algo. Isaac y su hijo nos esperan.

Juan se despertó y empezó a levantarse de la cama.

—Te he puesto ropa a los pies de la cama, como verás. Póntela, y dame la que llevas para lavarla —le dijo su tío mientras volvía a salir de la habitación.

El muchacho se quitó la ropa y se puso la limpia. En cuanto su tío regresó a la habitación, le dijo:

—¡Ya está, tío! Me he puesto la ropa que me diste.

—Déjame mirarte... ¡Te queda muy bien!

—Te la regalo, conmigo no luce tanto como contigo —dijo esbozando una sonrisa.

—¡Gracias!... pero es tuya, no sería...

—Conmigo no luce esa ropa, hijo, la ropa parece que luce con la gente joven como tú y no con los viejos como yo... Pero dejemos de hablar, que nos esperan...

Juan, abrió la puerta de la casa, salió y esperó a su tío en la calle. Al rato, Carlos salió también cerrando la puerta con fuerza tras de sí, pues no encajaba bien... no había que dar facilidades a los ladrones...

Empezaron a caminar por la estrecha calle. Juan siguió a su tío como pudo pues éste sería viejo, pero para su edad andaba bastante rápido. Se detuvieron en la puerta de la casa de Isaac, a pocos metros de la suya al final de la calle, y llamó a la puerta con decisión, sin pensárselo dos veces. La vieja puerta se abrió descubriendo a un hombre joven, bien vestido y de buena presencia. Carlos reconoció de inmediato a este joven, pues al verle se le plasmó en la cara una sonrisa de oreja a oreja, observado por su sobrino.

—¡Hola, Ezequiel! ¿Podemos pasar?

—¡Claro! ¡Pasad, pasad! ¡Os esperábamos! ¡Estáis en vuestra casa!

—¡Gracias!

Tío y sobrino entraron por la puerta.

—Te presento a mi sobrino, Juan, viene del norte.

—Encantado de conocerte, Juan —dijo Ezequiel mientras le daba la mano.

—Lo mismo digo —replicó Juan.

—Me llamo Ezequiel, soy el hijo de Isaac... Bienvenido.

—Encantado, Ezequiel, gracias de nuevo.

El sobrino siguió al tío y a Ezequiel. Fueron hacia un lugar pequeño y recogido de la casa, con sólo cuatro velas iluminando una parte de la estancia.

En esa parte estaba sentado, esperándoles, Isaac, quien al verlos, se levantó, abrazó e invitó a sentarse. Antes de probar bocado alguno, se pusieron todos a rezar dando gracias a Dios por la comida.

—Se te ha quedado aquí el mapa, Juan —dijo Isaac al principio de la conversación.

—¡Es verdad! Con el cansancio del viaje y demás cosas se me había olvidado...

—Tienes que tener más cuidado: es un mapa más valioso de lo que tú crees. Si lo hubieses dejado en otro lugar, se habría desaparecido.

—Eso seguro. Perdón.

—No pasa nada, estás entre amigos, ya sabes. De todas formas, he aprovechado para estudiarlo con profundidad y he encontrado cosas curiosas dibujadas en él.

—¿Qué cosas? —preguntó Juan.

—Luego vamos hasta donde he dejado el mapa y te lo digo, ahora cenemos, ¿de acuerdo?

—De acuerdo.

Acabada la cena, Isaac llevó a Juan hacia su habitación y, mientras Carlos ayudaba como podía a su hijo a limpiar platos y barrer, el judío le enseñó lo descubierto por él casi a simple vista del mapa. Éste estaba desplegado sobre una gran cómoda, con una lupa sobre él para ver más nítidamente los detalles. Con esa lupa le hizo ver un dibujo de una especie de ciudad en las Indias, más grande que el resto de las demás que se dibujaban también en el mapa, una ciudad en la que debajo estaba escrito el nombre en latín, seguramente puesto por el propio De la Cosa. Según Isaac, el texto decía «La ciudad del conocimiento» o, en quechua, «La ciudad de los dioses».

—¿La ciudad del conocimiento? —preguntó el muchacho.

—Eso pone, sí.

—¿Qué clase de conocimiento?

—Conocimientos perdidos, tal vez, desde la noche de los tiempos. Según una leyenda, se dice que en esa zona había una ciudad increíble y maravillosa superviviente de cataclismos habidos en épocas remotas de la historia de la humanidad. Una ciudad donde reinaba la paz y el buen gobierno, una ciudad que albergaba conocimientos olvidados por el hombre desde hacía siglos y que serían muy avanzados para nuestros días.

—Una ciudad fabulosa, entonces... vaya.

—Por eso posiblemente la persiga ese hombre.

—«El conocimiento es poder», se dice.

Isaac siguió enseñando al muchacho detalles del mapa, cotejándolo con historias conocidas por él desde joven. Juan estaba cada vez más maravillado de la sabiduría del viejo. El sentimiento hacia él llegó a ser de admiración y aprecio según pasaban los minutos.

Cuando ya era algo tarde, Isaac le dio el mapa al muchacho, previamente guardado en la cartuchera, y se fueron a dormir. Juan no volvería a tener otro lapsus como para olvidársele otra vez: decidió dormir junto al mapa.

Antes de dormirse estuvo pensando un buen rato, hasta que el peso de sus párpados no le dejó pensar mucho más. Pensó en esa gran ciudad perdida en las Indias, ciudad no descubierta, según le comentó el judío, por nadie aún, pero que según el mapa del marino santoñés, existía. ¿La habría visto con sus propios ojos o simplemente era alguna leyenda dicha por algún nativo de lugares cercanos a ella? Si, supuestamente, una orden religiosa estaba detrás de su persecución y quería esa mapa a toda costa, eso significaría que tenía un gran valor.

A Juan se le despertó de nuevo esa vena aventurera tan propia de su familia y quería averiguarlo. Además, pensaba que el caracortada posiblemente no andaría lejos. Mientras más lejos de España estuviese, más a salvo quizá estaría. Así que decidió en esa noche cruzar el océano en busca de esa ciudad... y quizá también en busca de su destino...

A la mañana siguiente, poco después de levantarse los habitantes de la casa, volviendo la actividad con ello a la casa, Juan reunió a todos en el mismo lugar donde habían cenado y, tranquilamente y con cara ilusionada, les comunicó que en breve partiría hacia las Indias. Obviamente fue una noticia acogida con gran sorpresa, pues tanto el tío Carlos como el hijo de Isaac se quedaron sorprendidos... Estaban sorprendidos, todos menos Isaac, que intuía el porqué de la decisión del muchacho.

—¿Por qué quieres marchar a las Indias, tan lejos? ¿No estás a gusto aquí, conmigo? —preguntó el tío Carlos.

—¡Por supuesto que sí, tío!

—¿Entonces?

Juan pensó unos segundos su respuesta...

—Ya sabes que me persiguen... Si me quedo aquí, acabaran haciéndoos daño por mi culpa, cosa que nunca me perdonaría.

—¿Es por lo del mapa y de lo que estuvimos hablando anoche, verdad?

—En parte sí.

—¿El mapa? —volvió a preguntar su tío.

—Quiere descubrir si es cierta la leyenda de «La ciudad del conocimiento» que le conté anoche viendo el mapa. La que te conté un día a ti también...

—¿Piensas ir solo, sin protección de nadie?

Ezequiel, que había estado todo el rato escuchando, de improvisto intervino diciendo:

—¡No irá solo! ¡Yo le acompañaré!

—¿Tú, Ezequiel? —preguntó Isaac como sorprendido, pero con una sonrisa que lo delataba... Conocía a su hijo pues su juventud le daba alas para la aventura.

—Sí, padre, yo iré con él.

Carlos e Isaac se miraron el uno al otro. El primero se encogió de hombros y el segundo le dijo a los muchachos:

—Está bien, pero tened mucho cuidado. Ayudaros el uno al otro.

Los chicos asintieron con las cabezas.

—¿Y para cuándo tenías pensado partir, Juan? —preguntó Carlos.

—Por la mañana.

—Está bien, te ayudaremos esta noche con lo que llevarás durante el viaje.

—Me parece bien, tío.

Juan estuvo toda la noche preparando el viaje con la ayuda de su tío y sus amigos.

CAPÍTULO VI

Ya de mañana, dando los últimos retoques para la partida, oyeron llamar a la puerta tres golpes secos y fuertes. Isaac, al ser su casa, abrió la puerta. Se encontró con un hombre algo bajo y con amplios bigotes; era algo ridículo, podría decirse. Venía con tres guardias. Isaac intuyó lo peor para el sobrino de su amigo o podía ser que incluso para él mismo... En breves momentos se enteraría.

—Buenas noches —dijo el bajito.

—Buenas noches —contestó Isaac.

—¿Es usted el propietario de la casa?

—Lo soy. ¿Qué ocurre?

—Estamos buscando a un muchacho. Se llama Juan de Herrera, tiene veintiocho años, ¿lo conoce?

—Pues no, ¿quién es?

—¿Podemos entrar en su casa?

—Yo le he dicho que no sé quién es ese hombre... No lo conozco.

Mientras decía estas palabras, Isaac comenzó a sudar. Las primeras gotas de sudor empezaban a resbalársele por la cara. Mentir no era lo suyo, era una de las pocas personas al que le era imposible mentir... enseguida se le notaba.

Isaac intentó que no se le viera el sudor, comenzó a quitárselo lentamente de la frente, pero en lugar de arreglarlo lo empeoró pues el pulso le temblaba como a un niño. El bajito se debió de dar cuenta de ello, y esta vez con más convencimiento, quiso pasar dentro de la casa. Al ver Isaac al guardia que quería entrar, instintivamente intentó cerrarle el paso, primero con la puerta, y luego con su propio cuerpo. Las dos cosas fracasaron.

El guardia, ya completamente convencido de que el hombre delante suyo ocultaba algo, empujó a Isaac, tirando al suelo al anciano, recogiéndole Carlos. Éste se acercó a su amigo al ver la escena, lanzando improperios a los guardias, que ya empezaban a registrar la casa.

Juan se sintió perdido al oír su nombre a los de la puerta que le buscaban. Era su fin, acabaría dando con sus huesos en la cárcel como su padre y con el mapa perdido en manos de gente que sólo quería ocultar la verdad. El hijo de Isaac le tranquilizó, le enseñó una pared falsa, que tenían para situaciones como esa, diciéndole que por ahí saldrían hacia un pequeño jardín de la casa de al lado.

—Pero, ¿y si también hay guardias por ahí? —preguntó Juan.

—Habrá que arriesgarse. Mejor eso que dejarnos atrapar aquí, ¿no crees?

A Juan le sorprendió la gran seguridad en sí mismo que parecía tener el hijo de Isaac. Éste entró por el hueco de la pared con gran agilidad, observándolo Juan, que entró por ahí después.

Como había dicho su amigo, fueron a parar a un jardincillo lleno de flores de la casa de los vecinos. Parecía no haber guardias. Los muchachos seguían agachados para confirmar, como fue, que no hubieran moros en la costa. Ezequiel se acercó a Juan y casi susurrando le dijo:

—Nos levantamos a la vez y vamos por esa calle —dijo señalando con el dedo la misma— que nos conducirá al puerto. Allí nos ocultaremos en la bodega del primer barco que se dirija a las Indias.

Después de eso, salieron sigilosamente de los alrededores de la casa hacia la calle señalada por Ezequiel, y de ahí hacia el puerto.

Cuando llegaron, había amarrados bastantes barcos. Apenas había movimiento, se iban fijando en qué barco meterse, hasta encontrar uno señalado por Ezequiel, pues el muchacho de Colindres estaba algo cansado de andar ya, y con miedo de ser descubiertos. El barco enseñado por Ezequiel no parecía muy grande. Juan dio el visto bueno.

Entraron en él sin ser vistos, metiéndose en la bodega y bescondiéndose detrás de unas cajas. Se acurrucaron, y para matar algo el rato hasta que partieran, le dijo Juan a su nuevo amigo:

—No deberías estar aquí acompañándome, Ezequiel.

—¿A qué te refieres?

—Me buscan a mí, no a ti. Buscan mi mapa.

—No te preocupes. Los amigos de mi padre son también amigos míos, por ello te ayudaré en todo lo que esté en mi mano —dijo Ezequiel, mientras el muchacho colindrés, con cara apesadumbrada, empezó a esbozar una ligera sonrisa.

—Además, tenía ganas de algo de aventura... ver mundo y todo eso...

—En eso nos parecemos, entonces...

Ezequiel, queriendo conocer un poco más sobre la vida de su compañero, preguntó:

—¿Qué pueblo es ese del que vienes? Es del norte, ¿verdad?

—Se llama Colindres.

—Colindres... ¿Y qué tal es? ¿Bonito? ¡También vaya pregunta que te hago!

—Jeje... no pasa nada, es un pueblo bonito, tranquilo, hasta que la envidia lo pudrió todo, menos el paisaje, claro.

—¡Vaya!, lo dices concretamente por tu caso, ¿no?... Por lo que os ha pasado a ti y tu familia...

—Sí, la envidia lleva unos años campeando a sus anchas por ahí. Por culpa de un par de familias estamos mi familia y yo en esta situación.

—Entiendo.

—El honor de mi padre ha sido herido y eso clama venganza en su momento.

En cuanto Ezequiel oyó la palabra venganza, temió lo peor. Sin apenas pensar, le dijo a su amigo:

—¿Vas a matar a esa gente o qué? No te lo recomiendo... ¿No crees que ya tienes bastantes problemas?

—¿Quién ha dicho nada de matarlos?

—¿Pues qué pretendes hacer?

—Por ahora, obviamente, nada. Escapar solo. En el futuro ya se verá. Pero de matarlos, nada. Acabar con sus ganas de vivir, puede...

Y sin más, se echó completamente sobre el suelo disponiéndose a dormir. Su amigo Ezequiel le dijo:

—Sí, vamos a descansar, mañana será otro día... esperemos...

Juan se echó, pero sin ver, pues estaba de espaldas, que el colindrés tenía abiertos los ojos, y que durante un buen rato estaría así, pensativo, hasta dormirse derrotado por el sueño, pensando cómo estaría su tío e Isaac.

Los muchachos despertaron al poco rato de su sueño al oír ruidos de pisadas y golpes en cubierta. Por los movimientos notados ya del barco, se diría que estaban en movimiento, fuera del puerto.

Ezequiel fue el primero en investigar. Subió a cubierta y se puso a mirar alrededor viendo una gran actividad en ella.

Salió con ello a la misma, inconscientemente podríamos decir, vio a lo lejos la ciudad que se quedaba ya pequeña, esperando que el rumbo del barco fuera el correcto y fueran a parar a las Indias. Poco después, el chico intentó ir de nuevo a la bodega para decírselo a su amigo, pero no pudo, pues un hombre de color se lo impidió preguntándole quién era. Ezequiel, algo asustado, con miedo a ser descubiertos, estuvo rápido al contestarle dándole un nombre falso y diciéndole también que se había embarcado para trabajar en el mar y hablándole de mil mentiras más. Luego se hizo un pequeño silencio... Ezequiel se sentía perdido, los polizones no eran vistos con buenos ojos en los barcos y dependía del capitán que los echaran por la borda o no. Sin embargo, no ocurrió así. El negro se tronchó de risa burlándose del muchacho. Esta vez tuvieron suerte.

—¡Era broma, chico! Yo he estado en barcos en los que no conocías ni a la gente de la tripulación. De un puerto a otro suelen bajarse la mitad, se emborrachan y no saben volver al barco o bien se quedan porque les gusta el sitio; entonces se tapan las bajas con otros que se raptan de los puertos atracados... así es siempre. Por cierto, me llamo José... se puede decir que soy el capitán de esta preciosidad.

Ezequiel, más calmado, dijo su nombre, estrechándole José la mano.

—Pensaba que a los polizones se les echaba por la borda...

—¡Venga ya! Eso depende del capitán, bien es cierto, pero no está registrado en ninguna parte que se deba hacer. Ahora, que si quieres bañarte, yo te hago los honores...

—¡No gracias!, estoy bien así...

—Jeje —rió el negro.

Al chico le empezaba a caer bien el capitán. Éste era un hombre de color, no muy alto pero bastante fornido, siempre con una sonrisa en los labios.

—Perdóneme, capitán, pero voy a avisar a mi amigo.

—No vienes solo, ¿eh?

Ezequiel contestó con un no.

—¡Vaya, vaya, entonces aquí hay trabajo para todos!

El hijo de Isaac fue a buscar a Juan. Casi se chocan, pues este último estaba preocupado por la suerte de su amigo y había ido a buscarle.

—Mucho tardabas, estaba preocupado...

—He estado haciendo amistades nuevas —contestó Ezequiel.

—¿Amistades nuevas? Hay que tener cuidado con eso, ya sabes...

—No te preocupes, ésta es buena gente, ven que te lo presente.

Le llevó donde el capitán, le presentó y como antes el hijo de Isaac, se Juan se quedó encantado con el trato del negro. Después de un pequeño rato, le preguntó Juan si el barco iría hacia las Indias; el capitán le contestó afirmativamente. Ya sabiéndose tranquilos, los muchachos se fueron a hacer las tareas que les mandó el capitán.

La travesía fue muy dura, un temporal sacudió el barco como si fuera el juguete de un niño. La primera escala fue en las Canarias, donde se abastecieron de nuevo de agua, perdida durante el temporal.

El capitán les dijo a los muchachos, cuando estos expresaron su gran impresión por la tormenta, que eso no era nada, que lo que posiblemente estaría por venir era aun peor.

—¿Peor? —preguntó asustado Ezequiel.

—Sí, bastante peor. El océano, cuando tiene mal día, te lo dice a la cara, como si fuera un matón en una taberna, jajaja... —acabó con una sonada carcajada el capitán, marchándose del lado de los chicos, mientras estos intentaban, sin éxito, reírse.

No estuvieron mucho tiempo en las islas. Los muchachos ni desembarcaron. En cuanto cargaron y repararon el barco, cosa que duró poco, pusieron rumbo, sin escalas ya, hacia el Nuevo Mundo.

Al principio, la travesía no fue muy dura, no parecía hacerse pesado el viaje para Juan, ilusionado con conocer las Indias. Sin embargo, a mitad de camino, adivinado por el capitán José, les azotó una tormenta tan fuerte que parecía el fin de sus vidas. Se perdieron hombres que eran golpeados por las olas que embestían el barco y que salían despedidos como peleles al agua siendo imposible ser rescatados ya que la mayoría no sabía nadar y no podían ser ayudados sin hacer peligrar con ello las vidas de los otros tripulantes.

Después de pasada la tormenta, que había dejado a todos agotados por la lucha contra ella, se pusieron a descansar sobre la cubierta durante alguna hora que otra.

El único despierto era el capitán que llevaba el ahora dañado timón del barco. Estaba sobremanera por las velas, pues no sabía cuánto aguantarían sin acabar de romperse del todo... por ello se tuvo que aminorar su uso y la marcha si quería llegar a puerto. Lo peor era que más tiempo significaba mayor consumo de víveres. Todo eso pensaba el capitán...

En lugar de llegar a tierra en dos o tres semanas como máximo, la nave tardó cinco. El capitán tendría que pagar de su bolsillo a la compañía que servía las pérdidas que ocasionaría el retraso y lo perdido durante la tormenta... de lo contario, darían sus huesos en alguna cárcel putrefacta.

A Juan nunca se le olvidará cuando avistaron por primera vez tierra de las Indias. Cansados la mayoría del viaje, algunos ya con ganas hasta de amotinarse, de repente apareció de entre la bruma una tierra rodeada de verde por todas partes.

Parecía como si una cortina se hubiera descorrido para descubrir la mayoría del otro lado. Dejo hablar a mi abuelo, para describir todos los avatares ocurridos en aquellas tierras, pues nadie mejor que él para contar lo que le pasó allí y que cambiaría su vida, para siempre...

CAPÍTULO VII

Año del Señor de 1517.

Todos albergábamos ganas de llegar ya a tierra. Llegamos a Cuba por la tarde, vimos el puerto en plena ebullición, estábamos felices por haber llegado sanos y salvos, agradeciéndoselo a Dios. Todos arrodillados en cubierta. Después, me despedí de la mayoría de los marineros junto con mi amigo Ezequiel y bajamos del barco, siguiendo nuestro camino.

Era impresionante: gentes de todas las razas y condiciones parecían convivir ahí. Arriba y abajo, exploramos las calles de la ciudad buscando un sitio para descansar. Dimos con una especie de posada, casi a las afueras de la misma, en la que nos cobraban por noche un maravedí. Mucho me parecía a mí, pero Ezequiel me convenció para aceptar esa oferta. Pagué por ello al posadero y fuimos al rato en busca de nuestro rincón; no era, lo que se dice, un rincón muy acogedor, pero a nosotros nos pareció en ese momento la mejor habitación del mundo, ya que después de haber estado tantas semanas durmiendo, o por lo menos intentándolo, sobre unas tablas duras en cubierta, era para estar agradecido ver colchones de plumas una vez más.

Caímos sobre estos con felicidad y con unas ganas de dormir que neutralizaba el hambre que también teníamos. Estuvimos durmiendo varias horas, hasta que me desperté por una horrible pesadilla. Si mal no recuerdo, era que el caracortada, saliéndole espuma por la boca, corría detrás de mí, con los ojos inyectados en sangre, como un perro rabioso... Yo intentaba alejarme de él, pero era imposible: cuanto más lo intentaba, más se acercaba.

Cuando desperté, empapado en sudor, miré asustado a mi alrededor, por si aquel hombre estaba en la habitación, hasta convencerme de que había sido una simple pesadilla. Fue para mí tan real ese sueño, que creí que era una especie de premonición.

Desperté a Ezequiel y le conté el sueño. No le dio importancia: «Es la tensión a la que te has visto sometida estos días, nada más», me dijo. Después sólo pensó en comer algo... Yo también tenía algo de apetito, así que nos fuimos a comer algo a una tabernilla cerca de allí.

Acabamos y volvimos a la posada. Mientras llegábamos al alojamiento, me dio por preguntarme cuándo acabaría esto de huir como un delincuente. Agarraba fuertemente el recipiente con el mapa dentro, llevándolo siempre conmigo por si acaso. Los curiosos me preguntaban qué era eso y yo siempre les respondía que era simple documentación.

Estaba harto de huir. «¿Cuándo podré regresar a mi casa?», me preguntaba. Sólo Dios lo sabía, estaba convencido de ello. En esos momentos, tanto Ezequiel como yo sólo sabíamos que teníamos que seguir hacia la posada y recoger nuestras cosas, teníamos que seguir ruta, no se podía parar uno en un sitio mucho tiempo, había que dar con las claves del mapa... y todavía no habíamos llegado a nuestro destino final.

Llegamos, pues, a la posada, subimos a nuestra habitación

y guardamos nuestras cosas para partir a medianoche, que era cuando salían los barcos para las tierras al otro lado de Cuba. Pero no pudo ser ese día pues el mal tiempo se opuso a ello. Estuvimos dos días esperando que amainara la tormenta. En eso dos días, medio encerrados en nuestra habitación, sólo saliendo para comer, estuvimos hablando Ezequiel y yo largo y tendido sobre el mapa, matizándome cosas, sobre todo de algo nuevo, de un grupo de «fanáticos».

Me dijo que eran un grupo especializado en temas relacionados como el mapa y que era una especie de secta. Que eran, según decían, «un poder detrás del poder». Le dije que me concretara esas ideas. Él, simple y llanamente, se levantó de la silla... estábamos sentados, él en la única silla de la habitación y yo sobre la cama, agarrando fuertemente el mapa por lo que estaba oyendo. A punto estuve de romper un trozo...

—El control mundial —me dijo—, recuperando, de paso, todo lo que les quitaron los reinos al ser disuelta por la Iglesia, la antigua Orden Templaria. Por ello, están en lucha perpetua por controlar esos reinos y acabar con la misma Iglesia católica, que les declaró ilegales y les acusó de intentar crear una «Iglesia» propia.

Y continuó:

—¿Te imaginas si cayeran en manos de esa clase de gente objetos como el mapa, que describe una gran parte del mundo conocido? Posiblemente su control sobre las rutas comerciales sería total, a escala nunca antes vista. Y ya se sabe que quien controle la riqueza, lo controla todo, amigo...

Temblé cuando me sentenció todo eso. Yo había estado viviendo en una nube hasta entonces. Con cada cosa que oía por esa época, mi visión del mundo se hacía más y más clara.

Después de esos dos días, salimos de nuestra habitación y

andamos por las calles de la ciudad, llenando de aire puro nuestros pulmones mientras estirábamos las piernas.

Andamos un buen rato, y al poco, ya algo cansados, nos metimos en otra taberna, esta vez, una cercana al puerto.

Allí, mientras observaba a unos que estaban echando una partida de cartas, pude oír decir a dos de los jugadores algo de una ciudad increíble que había al otro lado de la isla.

Sin pensármelo apenas, cogí mi bebida y, aprovechando que uno de los de la mesa se había marchado, me senté en la misma. Los dos hombres, con pintas de mendigos, se sintieron algo extrañados. Me presenté y les dije que no había podido dejar de oírles lo que habían estado diciendo sobre esa ciudad increíble e intenté que me contaran algo.m Sin embargo, me enviaron a paseo. Entonces me levanté y volví sobre mis pasos, esta vez a la barra donde estaba mi amigo Ezequiel. Eso, a pesar de ello, no significaba darme por vencido: nunca he sido de esos, nunca me doy por vencido en nada. Además, esa gente, supuestamente, tenía información que nos podría ayudar a aclararnos un poco más con el mapa.

Me puse a pensar, y me vino una idea muy conocida, una táctica posiblemente infalible: la táctica del emborrachamiento. Nadie, salvo, claro está, la gente abstemia, se puede salvar de ser emborrachado por otra persona. Me la jugué con aquella gente.

Pedí dos jarras de cerveza y dos de vino. Como me dolió el bolsillo, en aquel momento Ezequiel me ayudó con la estrategia y llevó él mismo las dos jarras de vino. Las pusimos sobre la mesa, los dos hombres miraron las jarras como si hasta el momento no hubieran bebido nada; después nos miraron a mi amigo y a mí y sonrieron. Me preguntaron si esas jarras eran para ellos y si podían beber de ellas. Yo les respondí con un amable «por supuesto». Bebieron cada uno una jarra de cerveza, y casi de un trago las apuraron: estaba claro ya que abstemios no eran. Al poco uno de ellos nos pidió que nos sentáramos, cosa que hicimos. Al poco me dijo que le gustaba la gente cabezota, que él era así. Y comenzó a contarnos un poco su vida. El alcohol, no sólo el de nuestras jarras sino también el de tantas bebidas ingeridas durante aquella tarde, estaba dando sus frutos. Nos contó que había estado en varias expediciones. Como soldado, luego como capitán en la última expedición a la ciudad aquella de la que yo quería saber. Una expedición de la que se salvaron el comandante y diez hombres más.

Le pregunté, interesado por la misma, su ruta, lo que vieron... Cogió esta vez una de las jarras de vino, bebió un trago largo, la posó con fuerza sobre la mesa, eructó y a continuación habló. Comentó que por los alrededores de donde habían quedado maltrechos, encontraron a unos indios que les indicaron que había más allá de su aldea la ciudad llamada por ellos «La ciudad del conocimiento». Siguieron caminando hasta donde más o menos les dijeron los indígenas, pero no encontraron nada... Además, estaban muy cansados, hambrientos y habían perdido a tanta gente anteriormente que al poco de andar volvieron a su punto de partida.

—Posiblemente los indígenas tenían razón, pero no pudimos comprobarlo, las fuerzas nos fallaron.

Yo, al principio, me quedé pensativo, no sabía si creer completamente al borracho que decía ser capitán. Eso me decía el cerebro, pero mi corazón dictaba otra cosa. Le volví a preguntar, esta vez, por si sabría volver allí.

—¿Volver allí? ¿Con lo que hemos pasado y tú nos quieres volver a meter allí?

Le dije que lo entendía, pero... me quedé pensativo. No podíamos seguir conversando allí y le propuse si quería seguir la conversación por la noche donde nos alojábamos. Le enseñaría algo interesante para él en relación a la «ciudad perdida» comentada por esos nativos. Viéndolo desde la perspectiva de ahora, ello fue todo un éxito, que le enseñáramos el mapa a ese hombre y que no nos la jugara... pero necesitábamos a alguien que hubiera estado en algún momento por aquellos lugares. Él me miró de arriba abajo, como antes... temí una contestación negativa, pero de repente vi una sonrisa en su cara y me dijo:

—Si hay unas jarras de cerveza acompañando a eso que me quieres enseñar, iremos gustosos.

Sonreímos Ezequiel y yo, y le indiqué la dirección de nuestro alojamiento y la hora del encuentro. Les di también la mano a los dos hombres, preguntándoles por sus nombres, de paso. Pedro y Julián, me respondieron, y nos despedimos después con un hasta luego.

A la hora convenida, aparecieron por la posada, saludaron al posadero que les indicó que los esperábamos y subieron hacia nuestra habitación. Cuando entraron a ella, llamando previamente a la puerta, los saludé mandándoles que se sentaran donde quisieran o pudieran, y empezamos a hablar de esa ciudad. Estuvimos hablando unos minutos de ello hasta que Julián me preguntó por lo que debía enseñarles. Suspiré... no estaba del todo seguro de enseñar el mapa, pero me la jugué, tomando la decisión de enseñárselo y explicándoles su significado.

—¿Un mapa de la zona donde las pasamos canutas...?

Y al poco de esa pregunta me abrazó.

—¿Dónde están esas jarras prometidas? ¡Éste es un buen momento para brindar!

Reí con ellos diciendo al amigo de Julián que estaban debajo de mi cama. En cuanto Julián me dijo lo que sabía del sitio, y teniendo pruebas sobre la existencia de la ciudad gracias al mapa, la encontraríamos tranquilamente. Éste seguía observando el mapa con gran detenimiento, hasta que su amigo, después de brindar con él, nos hizo beber también a nosotros por la futura aventura. Con ese brindis firmamos como una especie de contrato... Ezequiel estaba algo callado, pues parecía no ver muy claro a nuestros nuevos amigos, me tocó el hombro diciéndome si podíamos hablar en privado un poco. Yo le dije que sí y nuestros nuevos socios no pusieron pegas.

Salimos de la habitación y Ezequiel, como yo había intuido, me comentó que no estaba muy de acuerdo con reclutar a dos borrachos a los que no conocíamos de nada, sólo por decir haber visto una supuesta ciudad maravillosa. Puede que la vieran borrachos... Yo le dije que sólo yo asumiría el riesgo. Él me sonrió y sentenció diciéndome: «De acuerdo, es tu mapa y nuestras vidas las que están en juego». Asentí y volvimos a entrar en la habitación. En cuanto nos vieron entrar, sonrieron, contándonos algunas cosas de lo puesto en el mapa que ellos habían visto.

Empezaron hablando del territorio y sus alrededores e identificando lugares según observaban el mapa. Sólo quedaba una cosa: encontrar esa ciudad. Estaba claro que ese dibujo de la ciudad representaba algo para De la Cosa... nos quería decir algo. Eso fue lo que creí en su día y ahora más que nunca.

El barco en el que íbamos a subir esta vez era un mercante transportador de colonos a un asentamiento al otro lado de Cuba. Julián me dijo que entre ellos podríamos ocultarnos fácilmente. Con todo preparado, al siguiente día, de mañana, embarcamos en la «cáscara de nuez». Mi destino me reservaba algo increíble.

Fue uno de esos viajes tranquilos, no como el anterior a Cuba. Llegamos en unos días al pequeño asentamiento, el cual aún no tenía ni nombre, y desembarcamos. Durante el viaje intenté conocer un poco más a nuestros nuevos «socios». Cuando les conté que yo era de un pueblecito de Cantabria, me enteré que Julián tenía familia allí, la familia de su mujer, sin ir más lejos. Pedro, no era muy hablador, apenas contó casi nada sobre él, salvo que había estado tres años en una cárcel de Valladolid por robar unas verduras.

Al poco de llegar, fuimos a comer algo. Después, nos alojamos en la parte de arriba de la taberna donde comimos, pues parecía ser que hacía también función de posada. Estuvimos todo el día preparando nuestra siguiente y última parada. Nos metimos en otro barco que se movía cerca de la zona donde teníamos intención de ir. Julián se hizo muy amigo del capitán y en una noche de borrachera con él sobre la cubierta, se le escapó, quiero pensar que sin querer, nuestras intenciones en ese sitio. Después de habernos separado, ese capitán le fue diciendo por ahí, mientras cogía alguna cogorza que otra, por su culpa, recibiría la visita de mi amigo, *el guapo de cara*. Pero no me quiero adelantar a los acontecimientos...

Finalmente, llegamos. Por aquella época, muchos asentamientos estaban a medio levantar y muchos otros la Corona apenas conocía su existencia. Nos acercamos a uno de ellos para descansar un rato. Al principio, pensábamos que estaba habitado... se veía movimiento desde el mar, pero luego, al acercarnos a la costa, nos dimos cuenta de que las gentes que observábamos no eran españoles sino indígenas saqueando y sembrándolo todo de cadáveres. Al ver la escena, pusimos rumbo a otro lugar para desembarcar. No podíamos ayudar a esa gente, como querían Julián y su amigo, la mayoría eran marineros, no guerreros. Seguimos ruta y encontramos una zona donde poder poner pie en tierra. Julián nos dijo que había un asentamiento fortificado, según se acordaba, en una zona cercana a donde estábamos. Después de varios días, que parecieron interminables buscando ese dichoso asentamiento, al final dimos con él; desde el mar parecía estar abandonado, pero nada de eso, vimos al rato actividad en la orilla y, por lo que parecía, ¿españoles? Decidimos desembarcar para averiguarlo. Julián preguntó a un hombre cualquiera de los de la playa, el primero que vio, un hombre que parecía un muerto viviente de lo sucio y delgado que estaba, cómo se llamaban él y el asentamiento. Con precaución, rodeamos a Julián por si acaso. El hombre, al minuto, rió, dejándonos un poco desconcertados, la verdad, y preguntó en perfecto castellano:

—¿Españoles?

—Sí —contestó Julián—. El hombre súbitamente saltó sobre Julián y lo abrazó, primero a él, e inmediatamente después a cada uno.

—¡Estamos salvados! —repetía sin cesar.

Al decir eso nos pusimos un poco más serios. Estaba claro ya que esa gente parecían ser náufragos de alguna otra expedición y pensaban que éramos una especie de expedición de rescate.

En un principio no les dijimos nada. Ramón —así nos dijo el náufrago que se llamaba— nos llevó al poblado y nos presentó al resto de los habitantes del pueblo levantado por ellos mismos, como nos fue contando nuestro amigo. Después de presentados todos, nos contaron su terrible historia. Formaban parte de una expedición para crear un asentamiento en la zona, la cual estaba al mando del capitán Bernardo de Velasco.

Hacía cinco años que cincuenta hombres habían salido de Cuba, de los que sólo sobrevivían doce. La mayoría había muerto a causa de los ataques indígenas y, sobre todo, por las enfermedades y el hambre.

Después de informarnos de todo eso y sobre la zona, tomé la palabra reuniéndolos a los ocho alrededor nuestro, como en asamblea, si se puede decir tal cosa. Empecé diciéndoles de que nuestro barco podría llevar de regreso a quien quisiera de nuevo a Cuba. Y aquí me arriesgué diciendo que les daba una segunda opción: quedarse con nosotros para ir en busca de una «ciudad de oro» en el interior de la selva.

Necesitábamos hombres, conscientes de los acechantes peligros dentro de la selva. No todos los indígenas estarían dispuestos a escuchar. La gente se dividió, la mitad decidió coger el barco y volver a Cuba. Posiblemente, me dijeron, regresarían para ayudarnos, pero lo más probable sería que más tarde. Me preguntaron cómo regresaríamos a Cuba si ellos se llevaban el barco. Yo sonreí, contestándoles que tardarían mucho en regresar. La mayoría me dieron su palabra de traer un barco con provisiones. La otra mitad se quedó con nosotros.

De entre los que se quedaron con nosotros hubo uno con el que conecté enseguida. Su nombre era Baltasar, recientemente bautizado y llamado por ese nombre. Era un indígena de la zona que se había hecho amigo de la gente del asentamiento y a quien se le había tratado increíblemente bien, como a un ser humano, cosa que no solía ser algo normal. Le habían enseñado a hablar el castellano, aprendiéndolo rápidamente, me dijeron. Había sido gracias a él como habían conseguido no perecer todos allí, pues, aunque había poco en esa zona en concreto, les enseñó a coger comida por esos parajes y fue su «diplomático» con las tribus cercanas. Era un gran hombre.

Nos hicimos muy amigos. Cuando llegué a comprender a aquella gente, sentí un profundo respeto por ellos y su cultura. Bien sabe Dios que no toleré nunca, ni tolero ahora, el tratar mal, verbal o físicamente, a ningún indio en mi presencia; jamás tuve esclavos; los indios que luego tuve a mi servicio están conmigo por propia voluntad; incluso les pago un jornal, nada de esclavos. Ser esclavo ha sido y será unas de las mayores atrocidades que se hace a sí mismo el ser humano. Hoy día hay personas que se burlan de mí por esas cosas. Incluso he oído decir por ahí que algún cobarde me llama despectivamente el «amigo de los indios» o, incluso, «San Juan de los indios». A mí me da igual, es más, me gusta que me llamen «amigo de los indios» pues, es cierto, lo soy. Donde haya o vea una injusticia, la combatiré. Todos somos hijos del Señor, cosa que al ser humano parece olvidársele muy a menudo. ¿Es que acaso por ser una raza diferente a la blanca ya son poco menos que animales y por ello se les ha de tratar como tales? Nunca lo he entendido, ni lo entenderé.

A más inri, algunos van y acaban con la mayor parte de su historia, demonizando sus dioses y demás cosas de su cultura. Según muchos ignorantes, esas civilizaciones habían sido creadas por el diablo. Esa clase de gente me da pena, se dejan llevar por la masa, no tienen personalidad propia...

Nos quedamos en el asentamiento. Algunas provisiones que traíamos se quedaron con nosotros y las repartimos. Los cinco hombres que se quedaron casi acaban con ellas ellos solos... tal era su estado. Al día siguiente, sin moros en la costa, arreglamos las empalizadas como pudimos y reconstruimos las chozas, dando de nuevo algo más de vida al asentamiento. Pregunté a Bartolomé y a alguno más si ya tenía nombre el lugar. Me respondieron con un no rotundo. Entonces tomé la iniciativa en ello y decidimos entre todos llamarle San Baltasar, en honor a nuestro amigo indio que tanto había ayudado, y seguía haciéndolo, a la gente del lugar. Sólo a Julián y a Pedro no les gustó darle ese nombre por el indio. Fueron siempre de esa gente que, como decía más arriba, nunca comprendió, ni creo yo que quisiera, mi buena voluntad respecto a los nativos.

En ese momento pregunté por lo primero que se me vino a la mente:

—La tierra siempre fue de esa gente, ¿no? ¿Por qué no ponerle el nombre de nuestro amigo, aunque sea castellanizado?

El barco partió con la idea de volver con suministros. Nosotros seguimos reparando el lugar. Pedro tuvo la suerte de cazar una especie de cervatillo pequeño con el que pudimos alimentarnos un par de días; después empezamos a comer plantas y serpientes, pues poco más había por esos sitios. Como al sexto día, cuando estábamos comiendo los restos de una serpiente cazada el día anterior, recibimos una visita inesperada de unos indígenas en canoas. Aunque estábamos algo débiles de comer tan poco, nos preparamos para luchar.

Los nativos dejaron sus canoas en la orilla, no parecían ser muchos, unos seis. Uno de ellos estaba tocado con ropas, que más tarde supe discernir como ceremoniales. El resto, como de un milagro se tratase, venían cargados con comida, fruta y pescado, nada menos.

Julián mandó a Bartolomé para que hablara con ellos. Les preguntó quiénes eran y qué querían. Le contestó el que parecía ser su líder, el del rico tocado de plumas, diciéndole que venían desde muy lejano a ayudarnos, que habían hablado con las tribus que atacaban constantemente el asentamiento y que habían llegado al acuerdo de no atacar más. Venían a darnos comida y, si queríamos, nos darían más en su poblado.

Cogimos la comida al mismo tiempo que se lo agradecíamos. Le dijimos que le haríamos una visita en breve y le preguntamos, ya de paso, dónde estaba su poblado. Nos contestaron que si venía alguno con ellos, se lo enseñarían gustosamente.

Al principio nadie quiso ir por miedo a una encerrona,

pero yo di el paso al frente y me ofrecí a acompañarles y visitar su poblado. Julián se me acercó diciéndome que no me fiara. Yo le contesté que necesitábamos ayuda, que había que arriesgarse. No sabíamos cuándo regresaría el barco con las provisiones de Cuba y, además, si el asentamiento quería sobrevivir, necesitábamos entablar amistad con los nativos del lugar. Aun así, por precaución, le pregunté a nuestro amigo Baltasar si conocía a esa tribu. Me contestó afirmativamente: era una tribu respetada por las tribus del lugar y que de entre todas las demás era la más pacífica con diferencia, según había oído.

Ya completamente convencido, marché con ellos. Necesitábamos además su ayuda para adentrarnos en la selva en busca de la ciudad. Me llevé a Bartolomé para servirme de traductor.

Subimos a una de las canoas. Durante el viaje, observaba la densa vegetación de tierra adentro, la selva impenetrable cubría todo lo que estaba al alcance de la vista, era un espectáculo muy bello y a la vez algo misterioso... eso era lo que me suscitaba todo aquello.

En una hora o algo así, no recuerdo bien, llegamos a su poblado. La mayoría esperaba nuestro atraque con niños en brazos. Parecía que nos daban la bienvenida, como así fue, aunque aquella era concretamente para mí, según me dijo Bartolomé.

Después de desembarcar me llevaron a una de las chozas del poblado, parecía la más grande de todas, y allí me alojaron. Recuerdo muy bien todo lo pasado aquellos días, pues me trataron a cuerpo de rey. Al principio creía que iba a estar tan sólo una noche, pero al final me quedé dos noches y tres días.

El cacique del lugar, el del tocado de plumas, me vistió con las ropas con que ellos se vestían y me trató como si fuera uno de su familia.

Al tercer día observé de manera casual, al lado de una choza, figurillas de oro. Bartolomé me dijo que eran representaciones de sus dioses. Al verme coger una de esas estatuillas, uno de los hijos del cacique me dijo a través de mi buen amigo Bartolomé, que, si quería, me llevara una como regalo suyo. Le dije, agradeciéndoselo, que no podía hacerlo, que era de su pueblo, que era uno de sus dioses. Él me contestó que no me preocupara, que tenían muchas más, que se las hacían con herramientas adecuadas para ello y que se las regalaban un gran pueblo que vivía en medio de la selva. Me picó la curiosidad... ¿sería la ciudad que buscaba? Le pregunté cómo se llamaba esa tribu.

—Los llamamos «los elegidos de los dioses» —me contestó tranquilamente... yo seguí preguntando al hijo del cacique por esa gente.

Mientras andábamos por el poblado, me contó que era un pueblo muy antiguo, que no vivían como ellos y que habitaban en una ciudad, con templos, murallas, casas de piedra...

Por lo oído hasta el momento, yo ya estaba casi convencido de que se trataba de la civilización buscada. Cuando me dijo que se llevaban bien con la mayoría de las tribus, y de ahí los regalos de las estatuillas, le pedí si podríamos algún día visitarles. El hijo del cacique sonrió y asintió al momento, aunque primero tenía que consultarlo con su padre. Era lógico. Consultó con él y éste le dio su aprobación. Fue tan generoso que nos ayudó a preparar el viaje, pues era algo largo, según pude oír.

Pedí volver a mi asentamiento con mis amigos pues estarían preocupados por mí con razón pues había estado varios días fuera. Cogí fruta suficiente y me dirigí con ella hacia San Bartolomé, junto con el hijo del cacique Guiquit. Cuando estábamos ya cerca del poblado, vi que no había rastro de ningún barco. Al ver que nos acercábamos a la playa, Julián y

Ezequiel salieron a nuestro encuentro. Percibí en sus caras una mezcla de rabia y pesadumbre... algo iba mal, pero ¿sólo por haber estado unos días fuera? Era posible, pero no del todo. Pedro no estaba con ellos. Durante unos minutos, todo nervioso, Ezequiel me estuvo gritando:

—¡Dijiste que volverías el día siguiente!

—¡Nosotros sin comida apenas, pero a ti te da igual!

Era la primera vez que Ezequiel me gritaba cosas así. Nos conocíamos de hacía relativamente poco tiempo pero yo sabía que no era un hombre de levantar la voz. Los calmé como pude y les presenté a Guiquit. Acerqué las cestas con la fruta dentro y, al verlas, se relajaron un poco más. Pregunté si había llegado el barco... yo intuía que no, obviamente. Ellos me contestaron negativamente, como esperaba.

—Nos la ha jugado ese capitán —dijo Julián.

También me comentaron que la mayoría había muerto por beber agua salada y que sólo quedaban ellos cuatro. Además, con ojos llorosos, Julián dijo que Pedro se moría también por haber comido una especie de vallas envenenadas, pues no había podido aguantar más el hambre, y que llevaba enfermo desde la noche anterior. Ezequiel me señaló en qué choza estaba... Vi al enfermo retorciéndose de dolor, me agarró de la mano de una manera tan fuerte que parecía que me la iba a romper. Sólo me preguntó si había llegado ya el barco «cargado de oro y rubíes». Estaba claro que la fiebre se lo estaba llevando... todos le dábamos ya por muerto. Me despedí cortésmente de Guiquit, prometiéndole que nos veríamos el día siguiente para ir a ver a «los elegidos de los dioses». Al poco de irse, nos fuimos todos a dormir, excepto Julián, que se quedó con Pedro.

Por la mañana, me desperté con fuerzas renovadas, aunque me esperaba una noticia terrible: Pedro había muerto en los brazos de Julián. Enterramos su cuerpo con los demás, en tumbas separadas, en mitad del asentamiento, rezando unas oraciones por sus almas.

Posiblemente les acompañaríamos pronto nosotros, pensaba yo en aquel momento... Así nos encontró Guiquit, que venía a buscarme junto a algunos otros de su pueblo para la visita a los de aquella gran ciudad. Al vernos rezar, se mantuvieron al margen... parecían intuirlo. Al acabar las oraciones, me giré junto con Baltasar dándole de nuevo la bienvenida. Mientras Julián seguía observando el túmulo levantado, Ezequiel se me acercó preguntándome qué querían. Yo le dije que venían a acompañarnos en nuestro viaje hacia «los elegidos de los dioses», posiblemente, gente de la ciudad buscada por nosotros. Le agradó mi respuesta y les dio también él, entonces, la bienvenida.

Poco rato después partimos sin Julián, pues había decidido quedarse velando la tumba de su amigo. Le dejamos comida y agua para varios días junto con algo de compañía. Me daba mucha pena.

Todavía no me había acostumbrado del todo al clima de esos parajes en los que sudas sin parar, donde la humedad parece a veces asfixiante. Con el tiempo me aclimaté a todo aquello. Avanzamos varios kilómetros con Guiquit y con algunos de su pueblo en la vanguardia para dirigir nuestros pasos. Bordeamos las montañas dando con la misma unión de los dos ríos, que según me dijo el hijo del cacique, eran llamados el Cauca y el Magdalena, este último nombre puesto por un español llamado Rodrigo de Bastidas en el 1501. Cruzamos el primero sin problemas y al poco llegamos al otro... tan pegados estaban estos ríos uno del otro. De ahí fuimos a toparnos con los nativos de la zona.

Las canoas de esta gente estaban en movimiento por todo el río. En cuanto nos vieron, uno de los que se encontraban en una de ellas se acercó. Guiquit se acercó a él y hablaron unos instantes... el interlocutor de nuestro amigo se puso a llamar a los de las demás canoas.

—¿Qué hablaron? —pregunté a Baltasar.

—Les pedí algunas canoas para atravesar el río y parecía que nos querían ayudar todos a cruzar —me contestó Guiquit. En ese momento aprendí de aquellas gentes su camaradería, su gran disposición, siempre por las buenas, claro está, para ayudar a los demás.

Gracias a sus canoas pudimos cruzar el río llegando todos sanos y salvos al otro lado. Allí pusimos pie en tierra. Los indígenas que nos ayudaron se adelantaron y fueron a dar la noticia de nuestra llegada. Al poco rato, mientras nos acercábamos a su poblado, nos rodearon, no con intenciones agresivas, sino por el contrario, para observarnos mientras hablaban entre ellos.

Causé sensación en su población ya que, según me enteré, era el primer hombre blanco en ser visto por aquellos lares desde hacía bastante tiempo. Me pasaron la mano por la barba, bastante crecidita, por cierto; también tocaron mi espada, regalada por Julián antes de partir del asentamiento; alguno incluso intentó sacarla de su funda, cosa que no permití, haciéndoselos saber con palabras amables dichas a través de nuestro traductor.

Siguiendo a Guiquit, llegamos hasta el centro del pueblo; las casas de paja rodeaban el epicentro del lugar. De una de esas chozas salió un hombre viejo con una especie de bastón largo y tocado de plumas. Habló con Guiquit, se abrazaron después, y tras un rato, se dio inicio a una serie de bailes en nuestro honor.

Admiraba la vida de toda esa gente, no había lujos por ningún lado, todo se sacaba de la naturaleza con el sudor de sus frentes y todos eran felices. Siempre he creído que «cuanto más tienes más quieres tener». La vida en la selva, según como la veía yo, era dura, a veces con privaciones, pero hacía a la gente dura.

La gente de esos parajes no quería saber nada de lujos, ellos mismos decían que esas cosas debilitaban al hombre, le hacía débil. Una idea que debería tenerse en cuenta en otros lugares de la tierra, pensé.

En algunos momentos, sumido en los pensamientos antes descritos, mientras dormía la gente, sacaba el mapa, lo observaba, junto con Ezequiel, moviéndome sin necesidad de las gracias al pueblo de Guiquit.

¡Qué suerte tuvimos al tener a esa gente de nuestro lado!

Había que tener cuidado y no airear mucho todo aquello, para proteger a aquella gente y la ciudad donde íbamos de los aprovechados de turno. Aun así, yo sabía que tarde o temprano vendría esa clase de gente para jorobar el estilo y costumbres de esas personas.

Mientras observaba el mapa, Bartolomé, al lado de Ezequiel, me preguntó qué lugares señalaba ese papel. Le contesté que todos estos. Me pidió dejárselo. Yo lo pensé unos segundos... con el mapa me había vuelto una persona algo reservada. Aun así, se lo dejé de buena voluntad. Lo examinó durante unos segundos, haciéndome una pregunta que nunca olvidaré.

—¿Cómo se hizo este mapa? ¿Acaso voláis o algo así? —y sonrió después.

En ese momento eché una carcajada, pero segundos después, cuando ya no sonreía, me puse a pensar en la pregunta formulada por mi amigo: dibujar un mapa volando... Me quedé con eso.

Acabados los dos días de descanso, nos despedimos de los de la tribu siguiendo ruta por la orilla del Magdalena, rumbo al sur. En esa parte del viaje pensaba en cómo le iría a Julián, diciéndoselo al tiempo a Ezequiel. Él se encogía de hombros en signo de, lógicamente, no saberlo, pero también con cara de preocupación.

Por el camino pensaba en lo que me había preguntado por la noche Baltasar y, con ello, en todas las cosas oídas del tío Carlos e Isaac.

Cuando recordaba el nombre de su padre, Ezequiel derramaba alguna lágrima. Durante casi todo el viaje estaba triste y abatido por la suerte de Isaac.

Las marchas eran algo agotadoras, seguíamos un ritmo dictado por los pasos de Guiquit, con éste al frente. Eran gente acostumbrada a ese tipo de caminatas. Parábamos menos de una hora para luego seguir camino. Por la noche dormíamos alrededor de una gran fogata para protegernos de las alimañas y otros animales que salían por la noche.

No creía llegar a la ciudad, me hubiese quedado por el camino. Para olvidar un poco el cansancio y el horrible dolor de pies, me entretenía de vez en cuando pensando como si descansara sentado en una roca, evadiéndome con ello. Intentaba encajar las piezas que tenía en mi cabeza, pero en esos momentos faltaban algunos datos para conseguirlo completamente.

A los tres días de marcha, llegamos a una cadena montañosa que, suponía, era la misma rodeada antes por los pelos, kilómetros atrás, para luego cruzar el Cauca. Guiquit se me acercó con una sonrisa señalándome a lo alto de esa cordillera. Allí pude ver dos poblados con una ciudad detrás de ellos, en lo más alto de una montaña. Fue una visión, he de decir, realmente maravillosa, con el sol cubriendo con sus rayos todo el lugar.

Desde el primer momento, sin nadie decirme nada, intuí que por fin habíamos llegado, confirmándolo Guiquit con la cabeza y diciendo en su idioma el nombre del lugar: la ciudad de «los elegidos de los dioses».

Seguimos avanzando y después subimos por los caminos hechos en plena roca de la montaña, con Guiquit de nuevo al frente, aunque esta vez quiso tenerme a su lado, así que me puse junto a él en «vanguardia de la columna».

Subimos por el camino llegando a uno de los dos poblados comunicados entre sí por una calzada empedrada.

El cacique del mismo nos esperaba en la entrada del pueblo. Guiquit, como en las otras ocasiones, fue el primero en presentarse en su lengua, de la que ya empezaba a entender algunas palabras a base de oírlas tantas veces. Más tarde hablaré de ese bello, y a la vez, difícil idioma, poniendo por escrito algunas palabras con su significado.

Al verme, una especie de brujo se me acercó diciéndome al oído algunas palabras que no entendí en ese momento. Baltasar, como siempre infalible aliado lingüista, dijo que el anciano chamán me había dado la bienvenida. Yo sonreía respetuosamente.

Después de la presentación en lengua extraña entre Guiquit y el cacique y tras haberse intercambiado presentes, nos invitaron a entrar en el poblado. A mí y a Ezequiel nos separaron del grupo, metiéndonos en una gran choza. Poco después entraría el propio cacique con el viejo chamán. Yo estaba un poco asustado, pero vi a Guiquit relajado cuando nos separaron y por ello yo también me lo tomé luego con calma. Empezó el cacique a hablarnos como si entendiéramos lo dicho por él... fue una escena un poco graciosa. Vieron nuestras caras de no enterarnos de nada y, desconcertados, mandaron entrar a Guiquit, y éste a su vez a Baltasar, casi en desfile... Éste, al fin, nos tradujo lo dicho por el cacique.

Nos preguntaba de dónde veníamos... y si éramos embajadores. Antes de dejarnos responder, el chamán nos hizo otra pregunta aun más sorprendente: nos preguntó si éramos enviados en embajada por el gran Juan De la Cosa o de nuestro rey. «¿De la Cosa estuvo entre esta gente?», me pregunté. Había encontrado la ciudad, sin duda.

Durante unos segundos, Ezequiel y yo nos quedamos mirando como para ver qué les contestábamos a esa gente. Al final les respondimos con la verdad, les dijimos que veníamos de España, como Juan de la Cosa, a descubrir, si era posible, un «enigma» que nos rondaba la cabeza.

Entonces le enseñé el mapa, pues al oírle antes hablar del marino, algo debían saber sobre él. Al verlo, se arrodillaron, incluso Guiquit. Les pregunté por medio de Baltasar por qué se arrodillaban... El chamán, como asustado, respondió que aquel era el mapa de los dioses.

Seguí preguntando si conocían a Juan de la Cosa, contestándome ellos afirmativamente. La última pregunta que les hice fue acerca del modo como De la Cosa se había hecho con ese mapa tan extraordinario. En ese momento el chamán se levantó, esta vez sin miedo ya, y muy seguro de sí me contestó:

—Fue un regalo de Yachaycuna, gran sacerdote de la ciudad, entregado por «los dioses del cielo» a la misma.

¿Un regalo de «los dioses del cielo» a la ciudad? Esto se ponía cada vez más interesante. Un regalo a De la Cosa... el mapa era un regalo de la ciudad, estaba claro ya, un mapa de origen misterioso... un mapa tan perfecto en sus dibujos no podía hacerse así sin más.

¿Un mapa entregado a mi padre, en confianza, para que no se olvidara de aquel sitio, pero, a su vez, mantenido en secreto por nuestra familia? ¿Para dejar una pista de seguir con vida? Muy probablemente. No pude pensar mucho más pues el chamán hizo un gesto como de que fuéramos con él. Así pues, salimos de la choza.

Fuera estaba congregada una enorme multitud silenciosa que nos observaba mientras atravesábamos la misma haciéndonos un pasillo. Ahí pareció reunirse la gente de los dos poblados para vernos.

El chamán, Ezequiel y yo subimos durante unos minutos por el camino de roca, ascendiendo esta vez hacia lo que ellos llamaban «La ciudad de los dioses del cielo». Curiosamente, no éramos seguidos por nadie más del poblado. Guiquit y el cacique del poblado se habían quedado atrás. Luego me contaron que sólo los sacerdotes podían comunicarse con los de la ciudad.

Acabada la ascensión, el chamán me hizo un gesto con la cabeza como para que me fijara en algo. Miré, y ahí estaba la tan largamente buscada ciudad. Había visto algunas ciudades desde mi salida de mi pueblo, pero estoy convencido de que tan grande y bella como esa, nunca. Ante mí se levantaban unos edificios increíbles, nunca antes había visto cosa igual.

El chamán volvió a hacerme un gesto para que le siguiera hasta que nos adentráramos más en la urbe. De lo primero que me di cuenta es que no habían murallas, ni siquiera puertas, parecían no necesitar ni una cosa ni otra pero, eso sí, había un gran arco de entrada. La gente nos miraba como para saber lo que hacíamos por allí. Algunos incluso se acercaron, pero sin agresividad de ningún tipo, hacia nosotros. Me fijé también que ellos no iban vestidos como los de los anteriores poblados sino que vestían ricas túnicas, unos de color rojo, los hombres en general, y las mujeres de color blanco. Parecían tener un aspecto como más «civilizado». También vi que no habían casas hechas con ramas o cosas así. Los edificios parecían estar hechos de piedra.

El chamán volteaba su mirada y me veía observando, fascinado, todo aquello, y sonreía. Llegamos a una especie de plaza en la que nos detuvimos. A su izquierda había un especie de templo. En lo alto del mismo vi a una persona que salía como con ropas ceremoniales. Al vernos, bajó de manera pausada los escalones. El chamán no le quitaba ojo. Los habitantes de la ciudad me miraban con caras preocupadas y yo no les quitaba ojo por si acaso... además todavía no sabía qué querían de mí.

Cuando el hombre del templo terminó de bajar por las escaleras, se acercó donde estábamos. Ya cerca vi que debía ser alguien importante por sus ropajes: túnica color rojo con ribetes dorados, pulseras, collares y pendientes supuestamente de oro, corona de plumas... sin embargo, lo más sorprendente era su tono de piel, diferente al del resto y, más bien, parecida a la mía.

Después me sorprendió otra cosa más: el de los ricos ropajes me preguntó en un perfecto español cómo nos llamábamos. Yo me quedé pasmado... Él, al ver nuestras caras de incredulidad, me siguió hablando en castellano, presentándose como Yachaycuna, y diciendo que sabía mi lengua gracias al marino Juan De la Cosa. Seguía maravillado de ver un indígena hablando en castellano en esa ciudad perdida. Al instante se dio cuenta del mapa pues se me había caído del recipiente. Lo cogió y me preguntó si era mío. Yo le contesté afirmativamente y se puso a observarlo unos minutos.

—Es una copia que hizo De la Cosa de otro mapa más grande, después de que se quedara con nosotros durante un tiempo, después de que lo recogiéramos malherido en plena selva, un mapa que tenemos y que ha sido legado a su vez a nuestro pueblo por los dioses.

Quedaba, entonces, ya confirmado.

—¿Una copia que le dejó hacer usted de un mapa más grande?

—Sí, eso es —contestó—. Él portaba ya uno que, según dijo, era la copia de otro portado por un amigo suyo, el almirante, pero algo impreciso, sacado de un libro antiguo de Oriente. Aún así, gracias a ese mapa, nos encontró. Estaba muy malherido cuando le encontramos. ¿Quieres ver el mapa completo, el original?

Asentí con gran alegría, pues parecía haber llegado al final del camino para desentrañar todos los misterios sobre ese mapa. Ojalá mi padre hubiese estado allí conmigo...

Yachaycuna me guió hasta el lugar de donde le había visto bajar antes. Subimos las escaleras, Ezequiel detrás de mí. Mientras subíamos nos iba dando datos sobre el templo. Nos dijo que era el templo de Viracocha-Bochica.

Nos detuvimos al llegar a la cima. Yachaycuna, en tono serio y solemne, sólo comentó que a partir de allí entrarían en la morada de los dioses del cielo. Entramos... el interior era realmente bello, ya lo era por fuera, pero su interior encogía el corazón, no sólo por la cantidad de oro reluciente, si no por los frescos de bella factura en las paredes y techos. Yachaycuna nos explicó que era la historia de los dioses, nuestros antepasados, con el gran dios Viracocha-Bochica a la cabeza de ellos.

—Te voy a contar la historia, pues eres el portador del regalo que le hicimos al marino De la Cosa. Si ese hombre te tenía tanta confianza como para daros el mapa, yo también la tendré contigo. Sin embrago, sólo quiero una promesa salida de tu boca hacia mí.

—¿Qué quieres que te prometa? —le pregunté.

—No contar nada de este lugar, ni de lo que has visto hasta ahora, pues el mundo no debe saber nada de nosotros... Así lo indicaron los dioses a nuestro pueblo. ¿Tengo tu palabra?

Ezequiel y yo asentimos...

Y empezó al rato a contar la historia de su pueblo, enseñándonos, mientras tanto, el significado de cada dibujo.

Relataré cada cosa dicha por el gran sacerdote de la Ciudad de los dioses del cielo.

—Nosotros fuimos creados hace milenios por los dioses. Por ello la ciudad construida para habitar en ella es antiquísima. Los primeros humanos y animales empezaban a habitar sobre la tierra cuando se creó. No es la única del planeta, pues hay algunas más repartidas por el mundo, pero ésta es una de las más antiguas de entre ellas, nos dijeron los dioses.

Nosotros comenzábamos a estar estupefactos...

—Su primera venida a estas tierras fue cuando nos crearon junto con los animales y la vegetación que nos rodea. La segunda fue después de una gran guerra que tuvieron los dioses entre ellos mismos, desolándolo todo. La mayoría de la vida a nuestro alrededor desaparecía por ella. Murieron algunos de los nuestros, perdimos el contacto unos con otros, de ahí de que haya otras tribus. La mayoría sobrevivimos gracias a su venida. Nos metieron en sus carros voladores y nos transportaron a estos lugares en los cuales nos encontramos hoy día. Aquí nos ayudaron a construir la ciudad, nos albergaron y civilizaron. Fue construida por medio de aparatos «mágicos» con los que conseguían levantar piedras de varias toneladas, artefactos que mis antepasados no conocían y con que habían levantado las demás. Fuimos adiestrados por ellos en su manejo, y conseguimos levantar una ciudad para nosotros en pocos años.

Esas cosas contadas por Yachaycuna nos estaban dejando realmente sorprendidos... y eso que sólo acababa de empezar su relato. Para otra mente más cerrada, éstas historias no serían sino meras fábulas.

—Después de acabada la ciudad —prosiguió—, ubicaron a nuestro pueblo dentro de ella, para que viviéramos ahí, y, si era posible, hacer alianza con las tribus de alrededor... y siempre era posible, por medio de la paz, mediante la diplomacia...

Mientras señalaba la estatua de su dios siguió con su relato:

—Se nos respeta por ser uno de los pueblos elegidos por los dioses del cielo para mantener su legado en estas tierras. Esa fue la misión encomendada por ellos a nosotros. Después volvieron a marcharse...

Cuando me acerqué más, me di cuenta de que esculpida debajo de una especie de túnica parecía llevar como una armadura o algo así, una ballesta. Aunque apenas se parecería a ninguna, la verdad, no sabría compararla con otra arma. Además, de tener un casco en sus pies, que yo creía alguna reliquia, en su espalda llevaba como una mochila sin correas que la sujetase... era, por tanto, bastante rara. Además de todo eso, su cara no era muy «normal» tampoco... no era humana, tenía unos rasgos de serpiente. Me quedé helado... Nunca en nuestras representaciones cristianas había visto una cosa así en ninguna iglesia. ¿Qué clase de dios era ése?

Mientras íbamos hablando y andando dentro del templo, percibí asimismo un objeto parecido a un disco, de color dorado, encima de una especie de altar. Pregunté al gran sacerdote si podía cogerlo para observarlo. Accedió, lo cogí, mirándolo con cuidado. Era un disco de oro, sin duda, con incrustaciones de piedras preciosas en los bordes... debía valer una fortuna en Europa.

Hasta ahí, bien. Cuando lo giré, viendo la parte de atrás del mismo, me di cuenta de que parecía un aparato mecánico que tenía una especie de ruedas dentadas con cosas saliéndole de esas ruedas. Le pregunté qué era aquello y el gran sacerdote me contestó:

—Con eso se abre la puerta al mundo de los dioses del cielo.

Me quedé sorprendido por la respuesta. Lo único mascullado por mí en ese momento fue otra pregunta.

—¿Ha visto con sus propios ojos esa puerta abierta con esto?

Sonrió con gesto afirmativo, y continuó:

—De la Cosa también la vio. Además, él entró por esa puerta.

Yo me quedé extrañado, pues según había oído de labios de mi padre, el marino santoñés murió combatiendo contra los indios de la costa por aquellos parajes. Se lo dije al gran sacerdote, que volvió a sonreír. Ya empezaba yo a conocer esa sonrisa algo irónica, pero sin maldad alguna.

—¿Una puerta al mundo de los dioses?

—A través de ella se comunican con nosotros y nosotros con ellos —dijo asintiendo el gran sacerdote.

«Es increíble... Así que se le dio por muerto, pero realmente no lo está», pensé. ¿Por qué lo habría hecho y hacia dónde conduciría esa puerta? Hacia los dioses, según el sacerdote, pero, ¿dónde estaba esa gente? Todo eso se lo pregunté al final a Yachaycuna, contestándome él sin ningún problema.

—Esperaba hallar un mundo acorde con él, sin guerras, envidias o egoísmos, un mundo de paz en el que la ciencia fuera la piedra angular, un mundo diferente al nuestro... Parecido al nuestro, aquí, en esta ciudad. Estaba harto del hombre y sus mezquindades. Nosotros le dijimos que ese mundo sólo le encontraría entre los dioses.

Para responder a la pregunta sobre el paradero de ese mundo, el gran sacerdote se tomó un poco más de tiempo, aunque al final lo hizo de forma muy simple y concreta. No teniendo dudas respecto a ese tema, nos detuvimos.

—Los dioses viven ahí arriba, fuera de este planeta —señaló con su dedo el techo, donde curiosamente había una pintura dibujada de estrellas.

—De ahí vienen los dioses —sentenció.

¿Dioses que viven fuera de la tierra? ¿Cómo es eso posible? No dejé de mirar la pintura del techo... Era realmente bella, por su colorido y formas. Sin yo preguntarle nada, y, yo creo, que por quedarme algo con la boca abierta ante semejantes cosas oídas hasta ese momento y sobre todo por semejante despliegue pictórico, me afirmó:

—Ese también es un mapa, pero, en este caso, es de las estrellas. Según nos dijeron los dioses, es un mapa estelar, un mapa de las constelaciones...

—Constelaciones... un mapa de las estrellas —murmuré.

Quería conocer más sobre lo contado por Yachaycuna, pero mis tripas no aguantaban más, el hambre podía más que la curiosidad... así que, cortésmente, lancé mi última pregunta:

—¿Podríamos comer algo?

Sin más, y tras una pequeña carcajada del gran sacerdote, partimos rumbo a la plaza de la ciudad donde tenían todo organizado para comer.

Todos los habitantes estaban reunidos, muchos incluso nos dieron la mano, como europeos. Yo seguía admirando la facilidad con que esa gente hablaba mi lengua. Pasaban de su lengua al castellano con gran facilidad.

Según pude enterarme por medio del sacerdote, De la Cosa había instalado, con la aprobación de Yachaycuna, una pequeña escuela de castellano allí cerca del gran templo.

Los habitantes de la ciudad, curiosos por naturaleza y muy inteligentes como pude comprobar estando entre ellos, empezaron a asistir a la escuela aprendiendo rápidamente, pues al llegar yo allí, tres de cada diez habitantes —eran unos diez mil en total— sabían hablar el castellano como para mantener una conversación. También De la Cosa les enseñó el modo de vida europeo, sus costumbres, política, religión, etc.

Después de su partida, se había quedado como profesor de los nativos uno muy querido por él, pero que al poco tiempo murió a consecuencia de una mordedura de serpiente antes de que yo llegara a la ciudad. Quien siguió al frente de la escuela fue su hijo, de quien he de decir que era un hombre realmente taciturno con el que nunca hice muchas migas.

Fue durante la comida cuando conocí a la hija del gran sacerdote. Me la presentó su propio padre y desde el primer momento quedé prendado de ella. Se llamaba Sumaq Tika, Flor Bella. Luego, cuando fuimos a España, la llamaba María. Allí no veían con buenos ojos los casamientos mixtos, así que tuve que hacer eso, como si hubiese sido bautizada, cosa a la que, por otra parte, no le daba yo mucha importancia; es más, el propio De la Cosa, me contaron, jamás había intentado cambiar la religión de la gente de la ciudad, al contrario, la respetó; les enseñaría el modo de vida europeo, sobre todo el español, pero de ahí a imponerlo... bien es cierto que tampoco lo hubiese podido hacer por la fuerza, pues apenas tendría hombres para imponerse.

En ese momento Sumaq Tika tenía veintidós años, hablaba el castellano fluidamente pues lo había aprendido en la escuela de De la Cosa cuando era casi niña. A pesar de su edad, pues en esos lugares se casaban muy jóvenes, no estaba aún prometida a nadie. Según me contó su padre, era «algo rebelde», pero con el tiempo me di cuenta de que sólo aspiraba a casarse por amor, no por imposición de nadie. Esa postura siempre la alabé y la alabaré pues los matrimonios interesados, sin amor, no conllevan si no al adulterio de ambos, al fracaso, en una palabra, pues «la infelicidad en el matrimonio lleva siempre a la infidelidad». Eso es lo que yo creo.

Después de comer, di un paseo por la ciudad con el permiso de Yachaycuna. El gran sacerdote, me acompañaría por la noche a ver más cosas del templo, pues en ese momento tenía responsabilidades que atender. Ezequiel, que durante la comida había estado observando cómo se me caía la baba ante la belleza de Sumaq Tika, se quedó con él para ver cómo administraba la ciudad. «Su sistema de gobierno es interesante», me comentó.

Mientras paseaba me iba dando cuenta de la bella ciudad. Saliendo por la plaza, donde estaban la mayoría de los edificios «públicos», quise visitar las casas del pueblo llano. Las había visto al entrar en la ciudad y las quería ver más de cerca. Me acerqué a algunas al azar, toqué las piedras, vi su estructura, y puedo decir sin confundirme que eran las casas mejor vistas por mí. Sólidas eran como un muro, preparadas tanto para las inclemencias de la zona como para el sol más justiciero y donde te metías y apenas notabas el calor sofocante. En resumen, con una perfección, creo, no vista en España. Luego volví sobre mis pasos, a pesar del número de calles, por cierto muy bien distribuidas, largas y anchas a la vez, no tenías sensación de agobio mientras caminabas por ellas. Además estaban realmente limpias, canalizadas para que no se acumulara el agua de lluvia, ¡y con letrinas públicas! Una de las cosas más interesantes encontradas durante esos días es que dentro de las casas había baños donde la gente se lavaba con cubos de agua, pues otra de las cosas más destacadas de aquellas gentes era su limpieza y aseo diario.

Pronto me di cuenta de otra cosa: todas las calles desembocaban en la gran plaza central. Llegué a ella pero casi no quedaba gente allí. Vi a Ezequiel con la hija del gran sacerdote y me acerqué a ellos. Estaban sosteniendo una conversación entretenida en la que Sumak hablaba correctamente el castellano, como ya pude comprobar durante la comida. Ezequiel parecía que le preguntaba algo sobre la historia de la ciudad. La verdad es que en el fondo me estaba dando un pequeño ataque de celos, cosa no experimentaba desde hacía algunos años... sin embargo, los conseguí dominar ya que siempre fui una persona con suficiente capacidad como para que la razón prevaleciera por encima del instinto y no al revés. Además, los celos siempre han sido para la gente insegura de sí misma.

Al verme Ezequiel, se giró hacia mí diciéndome:

—¡Te esperábamos!

Me acordé de mi cita con el padre de Sumaq...

¿Puede ser? —pregunté a Ezequiel. Oí la contestación de labios de Sumaq.

—Finalmente, mi padre no puede venir, perdonadle, tiene algún tema importante que tratar y me ha enviado a mí en su reemplazo, espero serviros bien de guía.

Yo sonreí y con la cabeza asentí. Luego nos dijo que la siguiéramos. Cuando llevábamos pocos metros recorridos, Ezequiel se me acercó y susurró al oído:

—A que prefieres esta guía, ¿verdad? —y se reía mientras me tiraba de la oreja. Yo también reí, pero sin contestar nada.

Subimos una vez más las escaleras del gran templo, entramos en él como la otra vez, pero esta visita iba a ser diferente, como pronto comprobaríamos...

Pasamos de largo la sala de las pinturas, con el disco de oro, como le dejé, de nuevo encima del altar, y llegamos a ponernos delante de una especie de corredor, al final de la sala misma, dentro del cual no se veía nada pues estaba completamente oscuro. Sumaq cogió una de las dos antorchas que había puestas en la pared al lado de la entrada del corredor y la encendió con uno de los cuencos que tenían una llama debajo de las antorchas. Después de esto, Sumaq nos miró y dijo:

—Por aquí llegaremos al lugar más sagrado del templo. Lo que vais a ver aquí no lo debéis decir fuera de aquí. ¿Lo prometéis?

Yo, sorprendido y curioso con sus palabras, contesté a los pocos segundos:

—Lo prometo.

Ezequiel hizo lo mismo. Sumaq se giró y entró por el corredor. Nosotros la seguimos. Cuando habíamos andado por él unos cuantos metros, llegamos a unas escaleras que iban hacia abajo y descendimos unos cuantos escalones. Acabadas las escaleras, llegamos a una enorme puerta hecha de piedra, con una especie de cerradura en ella. En ese momento, Sumaq se quitó el medallón que colgaba de su cuello acercándolo a la cerradura. Encajaba perfectamente. Dijo unas palabras en una lengua extraña que, juro por Dios, no era quechua. El propio Ezequiel se quedó algo sorprendido, pero a él sí le sonaba algo pues más tarde me dijo que parecía un dialecto oriental.

Vimos maravillados cómo la puerta se habría poco a poco, parecía magia, aunque de magia tenía bien poco. Tiró la antorcha, no hacía falta ya. Había una luz ahí dentro como si fuera de día...

Nada más abrirse la puerta Sumaq nos dijo:

—Este lugar fue señalado por los dioses para que en tiempos de calamidades en la superficie, nos ocultáramos aquí.

Entramos... lo visto allí superaba largamente lo observado hasta entonces. Pudimos ver toda una red de túneles, con barras de «un metal no conocido por esos lugares», como afirmó Sumaq, y que estaban adosadas a las paredes como para sujetarlos.

—Por aquí, cada cierto tiempo, nos visitan para ver cómo estamos e intercambiamos objetos con ellos.

Estaba realmente impresionado, he de reconocer que nunca lo estuve más, pero lo que vi después fue ya realmente increíble. Al preguntar a Sumaq por donde venían los dioses si no era por el cielo, nos llevó al final de un pasillo de ese laberinto de túneles. Vimos otra puerta, que esta vez no era de piedra si no de un metal, que tampoco era de hierro. Es más, era una puerta no hecha «con ningún metal de este mundo», dijo Sumaq, y con una cerradura parpadeante de color rojo, como la sangre.

Otra persona posiblemente se hubiese desmallado allí mismo... yo a punto estuve. Lo visto era extraordinario. Ni siquiera hoy podría describirlo con palabras, pues no sabría cómo, no sólo por ser un escritor aficionado, sino porque, simplemente, nadie sería capaz de hacerlo.

Volví a preguntar, esta vez como pude, pues estaba realmente excitado, cómo se abría la puerta. Sumaq me enseñó el medallón con el que había abierto la anterior.

Pensé en lo dicho por su padre por la mañana. «Los dioses del cielo», le comenté a ella. Sumaq contestó casi al instante:

—Es cierto, según nuestros antepasados, al principio vinieron del cielo, como te dijo mi padre, y nos crearon y ayudaron a levantar la ciudad. Nos enseñaron el lenguaje oral y el escrito, astronomía, etc. Luego construyeron todo esto pues, según ellos, así podían venir más fácilmente, con más secretos y, sobre todo, para protegernos aquí abajo de otro posible desastre.

—¿Lo tenéis todo eso dibujado en las paredes también? —volví a preguntar.

—Sí, en las paredes y en crónicas escritas... Todo aquello está escrito también —contesó.

—Si es posible me encantaría ver esas crónicas escritas —le solicité.

—Están arriba, en una de las cámaras...

Seguimos recorriendo los túneles que Sumaq parecía conocer como si fueran su segunda casa.

Vimos una especie de salas que albergaban cajitas de metal y vasos. Según nos dijo Sumaq, dentro de ellas había comida que había sido dejada por los dioses para su pueblo. Vi también allí pinturas en las paredes.

—Estas —me señaló Sumaq— son pinturas hechas por nuestros antepasados cuando ayudaron a construir todo esto... por ello son muy antiguas.

En casi todas estas representaciones, algunos nativos eran dibujados de rodillas, con ofrendas en la mano, enfrente de unos seres que llevaban extraños trajes y también un extraño casco, el cual les cubría no sólo toda la cabeza si no también la cara, salvo los ojos. Trajes como con escamas, como un pez, guantes... muy parecidas al dios que me había enseñado su padre anteriormente.

¿Quiénes eran en verdad? ¿Seres de otro mundo, como decía aquella gente? Estas y otras tantas preguntas más me las fueron contestando gracias a mi estancia en esa increíble ciudad.

En aquellos momentos estaba delante de, posiblemente, el mayor descubrimiento de la Historia y, por ello, seguían temblándome las piernas de sólo pensarlo.

Después de recorrer la mayoría de los túneles, le pedí a Sumaq regresar a la puerta donde se comunicaban los dioses con ellos. Ella accedió muy gentilmente y regresamos allí. Fue lo más fascinante que he visto y veré jamás, sin duda. Volví allí porque quería ver mejor esa puerta, por si sólo me lo había imaginado. ¡De imaginado, nada!... era muy real. ¿Una puerta para viajar a otro mundo fuera de la tierra? «¡Realmente fascinante!», no dejaba de decirme. Las formas eran las de una puerta normal, pero no estaba hecha de madera, sino, según me dijo Sumaq, estaba hecha del mismo material que las vigas sostenedoras de los túneles. Se accionaba con, una vez más, el medallón «mágico», como al final le llamaría con un lenguaje extraño. Al accionarse, según me contó Sumaq, aparecía un especie de portal, antes el cual, y antes de pasar por él, tenías que decir en el idioma de los dioses a dónde te dirigías.

Ezequiel estaba asombrado, como yo, de todas aquellas cosas que superabande nuestro entender humano.

Al poco nos dirigimos a la salida del gran templo.

Era ya de noche, las hogueras inundaban el resto de los edificios alrededor de la plaza. Canciones resonaban por el aire de la ciudad. Pregunté a Sumaq lo dicho en esas canciones.

—Son alabanzas a los dioses... les decimos que estamos bien.

Me intrigó ese matiz. En verdad, todo lo de allí me intrigaba, mi cabeza no paraba de formular preguntas, a cada respuesta, un nuevo interrogante aparecía en mi cabeza... el matiz de hijos oído también de los labios de su padre... Volví a preguntar a Sumaq, que disfrutaba contestando a mis interrogantes, pues le gustaba mi interés por la historia de su ciudad. Una vez incluso me comentó que en eso me parecía mucho a De la Cosa.

—¿Os consideráis hijos de los dioses?

—Semidioses. Mi familia es descendiente de ellos.

—¿Descendiente de ellos?

—Eso es. Una antepasada nuestra tuvo un hijo con uno de esos dioses. No somos tampoco los únicos, hay en la ciudad alguna familia más descendiente de ellos. Te darás cuenta por ello de que somos la clase dirigente... Eso sí, nos vamos intercambiando en el poder, cada familia gobierna un tiempo; pasado ese tiempo gobierna otra. Así lo dispusieron los dioses.

—¿Cuántas familias sois? —pregunté.

—Cuatro.

Hice una última pregunta mientras caminábamos acercándonos a la casa de la familia de Sumaq:

—¿Y no te parece que con ello monopolizáis el gobierno y podéis caer en la tiranía?

Se tomó su tiempo y dijo:

—Las grandes familias nos turnamos en el poder, sí, pero la mayoría de los temas a tratar los deliberamos en asambleas en las que el pueblo tiene su parte importante al poder dar o no su consentimiento a la decisión tomada por el gran sacerdote. Incluso tienen la capacidad de reunir una asamblea propia y debatir en contra de algún gran sacerdote para elegir otro, si éste hubiera llevado mal la administración, aunque la mayoría deja el gobierno de la ciudad antes de que ocurra eso... Además, no somos un pueblo guerrero, violento, conquistador, somos un pueblo de paz, respetamos la vida. No conquistamos, ni saqueamos, pues todo eso conlleva a la avaricia, a querer más y más y a una sed de poder sin medida por parte de los gobernantes. Nuestra cultura practica la tolerancia, nuestros jefes son guías religiosos para nuestra ciudad e incluso para las tribus que nos rodean. No nos aprovechamos de ellos, servimos a los dioses y a la gente. No hay esclavos, la gente lo hace porque quiere ver a su ciudad prosperar y con ello sus vidas. Nosotros sólo los guiamos hacia donde quieren ellos, nada más. Como verás, la guerra y la esclavitud, dos de las mayores plagas y que son comunes en vuestra sociedad europea, como según nos contó De la Cosa, aquí no existen...Así, repito, quisieron los dioses que fuese...

«Un argumento algo convincente», me dije a mi mismo. Aunque, también es cierto, la persona que lo decía era, al fin y al cabo, miembro de una de esas cuatro familias gobernantes...

Llegamos a la casa. Debo decir que mi primera impresión de la misma no fue muy entusiasta. Era una de las casas más pequeñas de la ciudad. Yo tenía una idea diferente de un gobernante de una gran urbe... para mí debía vivir en una gran casa rodeado de jardines... eso es lo que yo pensaba en aquella época.

Entramos en la pequeña casa de piedra. Mi impresión no varió mucho con respecto a lo que había visto por fuera pues la casa era muy humilde. Allí sus moradores vivían un poco, se podría decir, hacinados.

Al poco rato nos pusimos a cenar. Ezequiel estaba ya en la mesa junto al padre de Sumaq. Se habían hecho, por lo visto, muy buenos amigos. La mayor parte de la comida de esos lugares casi siempre consistía en fruta y algo de verdura, con zumos para beber. Una dieta realmente sana. Aunque yo apenas toqué la verdura durante mi estancia, en casa la comían todos. Nunca me gustó del todo.

Recuerdo que durante la cena no paraba de mirar a Sumaq, pues me parecía la mujer más bella del mundo. Ella se dio cuenta de mi actitud, y por ello también me miraba, de reojo, pero me miraba, mientras hablaba y comía, hasta que acabó por sonrojarse y me sonrió. Su madre, una mujer muy dulce, observó la escena calladamente, hasta mirar a su hija, y simplemente con esa mirada pareció comunicarse con ella. El padre también había advertido todo, o eso parecía. Yo agachaba la cabeza y seguía comiendo cuando me miraba el gran sacerdote, por si acaso.

Al terminar la cena, los pocos invitados se marcharon a sus respectivos alojamientos, despidiéndose del gran sacerdote y su familia. Después nos enseñaron el sitio donde debíamos dormir Ezequiel y yo. En un rinconcito de la casa. Tras la insistencia de Sumaq, su padre accedió a que ella nos acompañara a donde tendríamos nuestro lugar de descanso. Se acercó a mí diciéndome al oído una palabra en quechua, *kuyay*, que ella me tradujo. Sonreímos los dos al mismo tiempo y nos quedamos observándonos durante unos segundos, hasta que un carraspeo de Ezequiel, como en broma, provocó que ella nos dijera un hasta mañana... nosotros contestamos los mismo.

Antes de irnos a dormir, Ezequiel y yo estuvimos hablando un buen rato de lo visto allá, mostrándose mi amigo muy feliz por haber encontrado semejante civilización. Yo también estaba entusiasmado con lo visto y oído allí hasta entonces. Aunque le recordé lo dicho por el gran sacerdote:

—No debemos contar nada a nadie de esto...

—Es una pena, el mundo debería saberlo... sin embargo, claro, una promesa es una promesa. Además, si contáramos lo que hay por aquí, es cierto, todo esto posiblemente desaparecería... y no sería la primera civilización que desapareciera.

También hablamos de cómo le iría a Julián en el asentamiento y a Bartolomé en el poblado de debajo de nosotros. Quedamos en hablar con Yachaycuna para poder traerlos, si era posible, a la ciudad, sobre todo a Julián, pues el hombre lo habíamos dejado enfermo.

A la mañana siguiente, hablamos con Yachaycuna del tema conversado por la noche. Estaba ya fuera de la casa, pero, gracias a Dios, le cogimos en la misma puerta cuando estaba a punto de marcharse. Consintió amablemente. Así que Ezequiel se prestó para ir a buscarlos. Le quise acompañar pero, guiñándome el ojo, me susurró:

—Tienes cosas que hacer aquí.

Al principio yo no sabía a qué se refería, pero a los pocos segundos lo comprendí cuando vi a Sumaq acercándose a su padre para desearle una feliz mañana.

Mi buen amigo se despidió prometiendo volver pronto... Fue la última vez que lo vi. El caracortada parecía haber llegado al asentamiento. Si lo hubiésemos podido saber antes... ¡Pobre Ezequiel, pobre Julián! Marchó, sin saberlo, hacia su destino final.

Bartolomé fue el primero en llegar a la ciudad. Nos abrazamos y le contamos todas las cosas increíbles oídas hasta ese momento. Por la tarde fue presentado al gran sacerdote en una de esas pocas ocasiones en las que podías cenar con él, pues casi siempre estaba ocupado. Al principio observó extrañado la aparición de mi antiguo intérprete, pero al decirle yo lo buen acompañante y fiel amigo que era, aceptó su entrada en la ciudad. Su tolerancia nunca nublaba su juicio. Más tarde, durante uno de los paseos por la misma, junto a Sumaq Tika, les conté por qué habíamos acabado allí... No era sólo por el mapa.

Les dije lo de mi padre y lo de mi venganza a medio planear. Sin decir más, Sumaq intervino:

—Una historia muy triste. Ten cuidado con la venganza, pues puede consumirte.

—Haré todo lo humanamente posible para vengar el honor de mi familia —le contesté.

Al oír esto, ella quedó algo sorprendida, pues siempre fue mujer de mucha bondad: los habitantes de la ciudad eran enseñados, desde pequeños, siempre a hacer el bien, nunca el mal.

—Si estás tan convencido de ello, haz lo que debas hacer. Pero atente a tu conciencia luego.

Después me preguntó por el caracortada. Le conté quién era.

—¿Y para qué quiere el mapa?

Le conté el resto de la historia, lo de la secta de la cual formaba parte mi perseguidor y los demás.

Ella me escuchaba atentamente mientras yo hablaba.

—Y ahora me persiguen a mí, por el mapa, lo quieren... para ello han intentado, y casi conseguido, acabar con mi familia.

—La verdad es que no sé qué pasaría si llegaran a dar con

este sitio... puede que destruirlo. Lo siento, posiblemente haya traído el mal a esta ciudad...

Cuando acabé de hablar, se acercó tan cerca de mí que pude notar el olor perfumado de su piel. De pronto me besó y me dijo:

—No te preocupes, Juan, aquí estarás a salvo. No has traído el mal. Es el destino el que te ha traído aquí y a mí. Y aunque no seamos un pueblo guerrero, eso no significa que no sepamos defender a los amigos luchando, si hace falta. Tu corazón es bueno, puedo notarlo, la gente buena siempre es protegida en esta ciudad.

El beso y las palabras de aliento fueron para mí como un bálsamo tranquilizador. Sumaq tenía una voz dulce, además de relajante. Nunca estuve enfadado con ella, era imposible, y si lo estuve alguna vez, no lo recuerdo ahora.

Esperando todavía la llegada de Ezequiel con Julián, seguimos andando, calle arriba, calle abajo... ¡Había tanto por descubrir aún en esa maravillosa ciudad! A partir de ese día, empecé a escribir e intentando dibujar todo lo que veía, tanto después de comer en casa de Sumaq, como por la noche. El resultado fue un pequeño estudio de la ciudad, que me reservo publicar, y luego, a su vez, este diario, uno de mis legados para vosotros, hijo mío.

Pero toda aquella semana feliz acabó abruptamente. El nativo que había decidido acompañar a Ezequiel narró una tragedia de la habían sido testigos: la expedición de un barco con unos cuarenta hombres a bordo había desembarcado en el asentamiento, y había matado a Julián, que hasta ese momento había seguido con vida junto con los nativos que lo protegían. Al poco de eso, Ezequiel y el nativo llegaron al asentamiento, encontrándose de morros con la expedición. Mediante torturas, consiguieron sacarle a Ezequiel el paradero de la ciudad; el acompañante de mi amigo pudo escapar, comentándoselo luego a Guiquit y, éste a su vez, a nosotros. Después me enteré de más cosas. El barco era el mismo que nos había llevado hasta tierra firme. El capitán de aquella embarcación le reveló al caracortada, también mediante torturas, nuestro paradero. Se le dejó vivir hasta que llegaron a tierra. Al día siguiente apareció muerto en la cubierta del barco.

Estaba claro, mi vida corría peligro de nuevo, pero esta vez no iba a correr para esconderme, esta vez iba agarrar al toro por los cuernos.

El caracortada no venía solo. Por primera vez en mi vida me sentí muy seguro, iba a acabar de una vez por todas con la persecución. Así lo decidí, comentándoselo a Sumaq y a los demás.

El mensajero de Guiquit me dijo que tuviera mucho cuidado con los mercenarios del caracortada, pues aunque fueran sólo veinte, tienen armas que hacían temblar el suelo.

Yo le tranquilicé diciéndole que mi idea era la de atacar antes de ser atacado, que nuestra superioridad en gente los derrotaría fácilmente, aunque ellos creyeran lo contrario.

Lo primero que hice fue mandar a Sumaq Tika a que le narrara a su padre lo ocurrido, y a que estuviera alerta. Antes de su marcha, le pregunté cuántos de la ciudad podrían ayudarme.

—Aunque no seamos guerreros, como ya te dije, podemos ayudarte con unos doce... serán suficientes, ya verás.

Sumaq me llevó a donde tenían esos guerreros repartidos custodiando partes de la ciudad. Eran sacerdotes que servían en los grandes templos de la ciudad, es decir, sacerdotes-guerreros. Ella les ordenó reunirse. Me llevé una gran sorpresa al ver cómo estaban armados.

Estaban armados con un arma parecida a la ballestas europea. Aunque la diferencia estaba en que no hacía falta que el portador la recargara sino que era «automática». Así conseguían un mayor número de disparos por minuto, según me indicó uno de ellos. Como protección, llevaban una especie de armadura de escamas.

A estos no los había visto antes porque, según me dijo Sumaq, estaban en salas especiales en las que yo no había podido entrar aún, aislados del resto de los ciudadanos para no ser molestados y en los que rezaban continuamente para que los dioses supieran diariamente cómo estaban. Eran los únicos armados de la ciudad.

Les expliqué la estrategia a seguir: dejaríamos que se acercaran a la ciudad, los pueblos de abajo debían, si podían, dispersarse, de tal modo que los invasores no encontraran nada en ellos, nada. De esa misión se encargaría el amigo Baltasar. Cuando estaba explicando esto, se me acercó el gran sacerdote preguntándome por el plan. Yo le dije lo que ya había indicado a Baltasar y que me quedaría con los sacerdotes armados a esperar a que se internaran en la ciudad y, ocultos en los edificios de alrededor, a una señal mía, los atacaríamos con todo. Además, por las calles de la ciudad no debería haber nadie, la gente debería estar en sus casas para no sufrir ningún daño. El padre de Sumaq, satisfecho con lo oído, quiso estar con nuestro grupo y que se ofreció para hacer lo que fuera necesario por su pueblo.

La actitud de ayuda de esa gente conmigo era de tener en cuenta ya que iban a por mí, y me podían haber entregado. Posiblemente en cualquier otro lugar del mundo hubiese ocurrido, pero no ahí... Aun así, me dio por pensar en ese momento, curiosamente, que tarde o temprano vendrían con suficientes hombres cargados de hierro y armados hasta los dientes, acabando con un mundo —se nos ha olvidado a muchos— de paz, amor y felicidad... pues no solo en este mundo importa el dinero y el poder. Hay gente a la cual esas cosas son detalles triviales.

Di las gracias por su ayuda al gran sacerdote y que confiaran en mí. Al oír eso, me devolvió las gracias. Luego le dijo a Sumaq que le acompañara, pues había «mucho que hacer». Tras asentir con un gesto al requerimiento de su padre, la joven me sonrió y después cada uno se fue a sus deberes.

Las calles de la ciudad se despejaron al poco tiempo por la labor del gran sacerdote y su hija, quedándome solo en las calles con los sacerdotes-guerreros. Uno de ellos se me acercó para recibir instrucciones. Se trataba de un muchacho de una edad semejante a la mía. Se empezaba muy joven en el sacerdocio de la ciudad. La orden era la de ocupar los edificios a ambos lados de la vía principal de la ciudad. Eso, con la mitad de los hombres, unos quince. La otra mitad serviría de cebo... para ello se pondrían en medio de la vía y atraerían a los mercenarios con sus disparos, los invasores lógicamente se acercarían a los que disparaban, sufrirían bajas... Eso les enfurecería aún más y, así, serían acribillados desde arriba y desde abajo en un fuego cruzado letal. El muchacho lo entendió al minuto y se lo dijo a los demás. De esta manera, se dividieron, yéndose unos a los edificios y otros haciendo de cebo. No hubo discusión alguna. Tenían que defender su ciudad y a mí, su amigo, costara lo que costara.

Era increíble, yo de jefe militar y sin tener ninguna experiencia en combate. Fue mi primer combate y no lo hice mal, la verdad. Nunca pensé que fuera tan fácil la victoria, sin ninguna duda, debida a las armas y habilidad de los guerreros.

Después de que los sacerdotes-guerreros se pusieran en sus posiciones, envié a un mensajero que me facilitó el gran sacerdote para comunicarme con los de los poblados y por donde estaba el enemigo y si se habían marchado ya de allí sus pobladores. Al poco regresaron los correos diciendo:

—¡El enemigo avanza hacia acá, están subiendo. Llevan

sólo unos pocos prisioneros. La mayoría de la gente de los pueblos se ha marchado de allí!

Cuando me dijeron lo de los prisioneros pensé en Ezequiel. Posiblemente seguía vivo y no había muerto como decían. Les di las gracias por el mensaje. Éste se lo trasmití a los guerreros que iban servir de cebo y estos, a su vez, a los de los edificios.

Para ser un pueblo de paz, no se les dio mal la guerra. Esa gente eran guerreros, pero abandonaron esa vida de violencia para dedicarse a la paz y al amor al prójimo, después de que los dioses se lo enseñaran.

De pronto oímos los primeros disparos. Empezaba el combate. Los mercenarios habían cruzado las puertas de la ciudad y se dirigían hacia nosotros, vociferando, insultándonos.

No traían cañones... una ventaja para nosotros. Se creían tal vez tan superiores que los desecharían. Los guerreros, sin yo apenas decirles nada, con una mirada, dispararon sus armas. El enemigo no hizo ninguna baja con sus arcabuces, sin embargo, las bajas entre ellos sí, gracias a las increíbles armas de nuestros guerreros. El enemigo, como desesperado y confuso, pues seguramente se preguntaba qué arma sería aquella que escupía tal número de flechas, fue a acercarse para el cuerpo a cuerpo desenvainando sus espadas con ello. En ese momento, envié a uno de los mensajeros que se había quedado conmigo, y junto a los de la vía, a donde los edificios para que transmitieran mi orden de que dispararan desde arriba. A los pocos segundos, sin apenas haber llegado este donde ellos, parecieron intuir la orden y empezaron a disparar. Fue ya una masacre. Los pocos que quedaron con vida se rindieron. Ordené detener el fuego. Serían unos diez hombres.

Me adelanté a ellos. La mayoría parecían describirte en sus caras un «soy carne de calabozo». Mandé al momento que los ataran. No encontraba al caracortada. ¿Habría muerto? Los puse a todos en fila, sin que mis guerreros dejaran de apuntarles. Fui mirando uno a uno, sus caras, hasta dar con mi perseguidor. Finalmente di con él. Llevaba un pañuelo negro en su cabeza, estaba sucio, olía mal, tenía en su cara una larga barba rubia... era él... sonrió burlonamente al verme...

—Nos volvemos a encontrar —le dije.

No contestó, miró a otra parte, como sin darme importancia. Entonces se me ocurrió una idea... surgió sin más, puede que del odio. Un combate singular entre él y yo.

Lo dije en voz alta para ser oído por todos los presentes. A los pocos minutos de eso aparecieron Sumaq Tika y su padre junto con muchos de los habitantes de la ciudad. Ella me abrazó y su padre me felicitó por la victoria.

—¿Qué hacemos con los prisioneros? —me preguntó.

—Liberadlos —le contesté.

Pero eso sería después de que yo mismo luchara con su líder por ello.

—¿Quién es el líder?

Tras señalar con el dedo al caracortada, el padre de Sumaq preguntó a éste si aceptaba el desafío. Mi perseguidor tenía cara de asustado, estaba sorprendido, como yo al principio, me imagino, de que los habitantes de ese lugar hablaran español,

—Sí, acepto —contestó.

Me preparé... Llevaba puesto una especie de jubón de cuero... Me lo quité, pues no quería protección ni estorbos para luchar. Al caracortada le dieron una espada de uno de sus muertos, y empezó a dar con fuerza mandobles al aire, probando el arma. A nuestro alrededor se arremolinó la gente haciendo un círculo... Presentían la sangre de nuevo pues sus rostros estaban tensos.

Empezó el combate, de repente y por sorpresa, pues mi enemigo me atacó mientras yo estaba mirando a Sumaq. Tuve suerte de darme cuenta, pues, de lo contrario, la lucha hubiese durado poco. Paré su ataque lanzándole yo el mío, parándole él a su vez. Así estuvimos unos minutos, hasta que se convirtió en una nueva batalla. En un momento de la lucha, mi espada se cayó de mi mano debido a un empujón de mi enemigo. Después me lanzó una estocada hacia el corazón, pero la detuve desde el suelo con mis manos... Sentí cómo la espada de mi contrario me cortaba las palmas de las manos... Aguanté el dolor como pude. Mientras seguía agarrando su espada y él intentaba quitármela, le golpeé en sus partes blandas y después en la cara con el mismo pie, cayendo él al poco casi de bruces delante mío, soltando la espada debido al dolor. Aproveché para coger mi espada y puse su hoja en su cuello. Vio su final, pareció ya no notar el dolor, pues se puso de rodillas, juntó sus manos y empezó a rezar. Una parte de mí quiso apiadarse de él, pero no le hice el más mínimo caso. Atravesé su garganta cuando acabó de rezar. Después, el silencio. Sólo roto por los mercenarios del muerto saliendo por la puerta de la ciudad, asustados, temiendo que cambiara mi decisión respecto a su futuro. Tiré la espada al suelo. «Se ha hecho justicia», susurré. Todos los que me rodeaban miraban con horror la escena, me miraban con cara de sorpresa, me imagino que, tal vez, por ver mi falta de compasión. El gran sacerdote, en su idioma y en castellano, dijo:

—Todo acabó, podéis volver a vuestros hogares en paz.

El pueblo se fue marchando poco a poco de allí, algo tristes, hacia sus tareas.

Era comprensible su discrepancia con lo visto ahí, pues no conocían la historia de mi enemigo. Además, como he dicho varias veces ya, era un pueblo pacífico que no entendía de violencias de ningún tipo.

Sumaq se acercó y me abrazó feliz de que yo hubiera sobrevivido al combate. Su padre me felicitó, sonriéndome, por el final de toda lucha. Luego se marchó a llamar, como yo le había pedido antes, a Bartolomé, y a comunicar a los poblados que ya había pasado el peligro, que podían volver a sus casas. También mandó a los guerreros recoger los muertos, felicitándoles, de paso, como yo, por su valor.

Nos quedamos a solas Sumaq y yo. Miré una última vez a mi enemigo abatido antes de que se lo llevaran. Después de todo lo acontecido me sentía algo apesadumbrado... siempre me ocurre cuando estoy enfadado... a veces digo y hago cosas de las que más tarde me arrepiento... soy así.

—El mal se apodera de nosotros momentáneamente. Hay que controlarlo, de lo contrario se apoderara de nosotros completamente —me dijo Sumaq con dulzura.

Ella luego me agarró suavemente de la mandíbula, hizo que girara mi cabeza a donde estaba ella y noté en sus ojos el amor hacia mí. En ese momento sólo pensé en besarla... y así lo hice. Y durante unos segundos estuvimos besándonos. Después me tomó de la mano y tiró de mí, me llevó a casa, limpió delicadamente la sangre de mi cuerpo, quitó mi ropa manchada. En ese momento nos volvimos a besar, sonreía sin parar, estábamos enamorados...

Por la noche vino a verme cuando tanto yo como los demás dormíamos y me despertó con un beso. Al principio creía que era un sueño, un gran sueño, pero, gracias a Dios, era real. Hicimos el amor. A la mañana siguiente, al despertarme, vi que no estaba. Me vestí y salí fuera de la casa. En ella no había nadie, recorrí la plaza que estaba atestada de gente. Estaba llena de tenderetes con todo tipo de frutas y cachivaches. Los ciudadanos me miraban, unos me saludaban con admiración, otros me miraban con cara algo rara.

Pocos días después de la derrota mercenaria, y mientras

paseaba por la ciudad con Sumaq Tika, se nos acercó un hombre que decía haber visto hacía tiempo a un español haciéndose pasar por habitante de la ciudad. Le pregunté por el paradero de ese hombre y al momento me llevó en una cueva donde estaba viviendo el supuesto español a las afueras de la ciudad. Poco después de hablar con él descubrí que era un vecino de Colindres, llamado Martín, un guardia del pueblo, el cual me contó una historia que iba a dar un vuelco a mi situación y a la de mi familia.

Una noche presenció una reunión en el cabildo en la que estuvieron el juez, el jefe de guardia, el caracortada y demás personajes. Antes de empezar a hablar, mandaron salir a los guardias, incluido el tal Martín, para que vigilaran la puerta. Éste, sin querer, me dijo, dejó la puerta entreabierta. Escucharon toda la conversación. Todos decidieron no contarlo, salvo Martín, pues quiso ponerse inmediatamente con mi familia, antes de ser ya tarde, pero no pudo, estando a punto de ser descubierto.

Le daba vueltas a la cabeza tratando de decidir qué hacer. No podía contar nada y eso le corroía, pues se iba a ir contra un hombre bueno. Uno de los conjurados era ahora el alcalde y tenía muy controlado el pueblo. Por eso, ya casi la mayoría de éste le odiaban, se había convertido en un pequeño tirano caprichoso. Con lo que sabía el bueno de Martín, había que denunciarle. Había que llevar esa denuncia ante la Corte y el rey, sin dar pasos en falso, pues el nuevo alcalde tenía ojos en todos lados y algún amigo que otro en la Corte. Me puse a pensar en todo lo dicho por ese hombre, dándome cuenta enseguida de poder vengar el honor de la familia con lo dicho por el hombre de la cueva.

Le pregunté como era que había dado a parar allí y viviendo en una cueva. Me contestó que había pensado en buscarme y traerme al pueblo para la denuncia, así que se las agenció para espiar al alcalde para saber del paradero del caracortada. Más o menos donde estaría él, estaría yo... Cuando una de las cartas decía que mi perseguidor estaba por las Indias, en Cuba concretamente, no dudó en fugarse del pueblo y enrolarse en la tropa que él creía que estaría reclutando el caracortada. Tuvo que soltar la mentira de que estaba enfermo para ser sustituido en el servicio, aprovechando con ello para escapar de noche por una ventana de su casa. Después de visitar al médico del pueblo, fue al puerto, se ocultó en la bodega de un barco que por la mañana haría la ruta hacia Lisboa, y de Lisboa, otro, a Cuba. Un periplo como el mío, vamos. Allá encontraría a mi perseguidor que, obviamente, no sabía nada de su escape y de su misión. Se unió a él. En el ataque a la ciudad no intervino, se escaqueó, refugiándose en una cueva con las ropas de un nativo muerto para pasar inadvertido.

Le pregunté si estaba dispuesto a poner por escrito y firmar todo lo que me había contado. No se lo pensó apenas, me contestó con un rotundo sí.

—El pueblo estaba harto del nuevo alcalde cuando me marché y eso que no llevaba ni un año siquiera en el cargo.

Sonreí, dándole una palmadita en la espalda, y sentenciándole:

—Iremos a España, acabaremos con toda la gente que nos ha hecho tanto daño. Tengo unas cuentas a saldar.

—Estoy contigo para lo que quieras, Juan. Tienes aquí un aliado.

Esas palabras me conmovieron pues me vino a la cabeza el recuerdo de mi buen amigo Ezequiel, muerto vete tú a saber dónde, por la maldad de unos hombres... Él también sería vengado, pudiendo con ello descansar en paz.

El viaje de regreso a España se preparó concienzudamente. Juan, junto a Sumaq, con la que se casaría poco antes de partir de allí, Bartolomé y algunos habitantes de la ciudad, fueron hacia el asentamiento de San Bartolomé. Allí, en pocos meses, se pusieron a construir, como se pudo, con las instrucciones dadas por Juan, una especie de barco con el que simplemente debían llegar a Cuba. Después cogería otro allí rumbo a España.

Acabada la tarea de construcción, se metieron los víveres y oro, pues Juan tenía la idea de hacer ver a la gente como que venía de América como un rico hacendado, sin ansias de venganza hacia nadie.

Cuando se bajó al agua, el supuesto barco, cargado ya con todo, se mantuvo a flote. Todos estaban llenos de alegría. Gente hábil e inteligente la de aquellos lugares, sin duda.

Después de soltarle al agua con mucho esfuerzo, ya de tarde, subieron a bordo la gente necesaria para mover la embarcación junto. La comida y el agua fueron metidos en cajas como si fueran jarrones lo que llevábamos. En una travesía de esa magnitud, no se hubiese llegado muy lejos, aunque sólo se necesitaba llegar a Cuba.

El oro, cargado en una de las cajas más grandes, estaría a cargo de Bartolomé y de un par de nativos del pueblo Guiquit.

—Tened mucho cuidado con eso en Cuba, pues como no seamos prudentes, se nos desaparece el oro —le dije a Bertolomé.

Partimos, despidiéndonos de todo el mundo allá reunido, antes de que fuera de noche, pues en la oscuridad podríamos chocar o encallar fácilmente. Salimos al puro océano, y luego nos pusimos después a descansar en la cubierta. Con buen viento llegamos en una semana, justo cuando los víveres empezaban a escasear... Éramos demasiado glotones...

Arribamos. Por el puerto nos miraban algo raros debido al diseño de nuestro barco, como si nunca hubiesen visto uno así. También les impactó la tripulación del mismo.

Miraban a mis amigos nativos con incredulidad e incluso, algunos, ya con sentimientos de superioridad hacia ellos . Eso nunca me gustó. Nunca entendí por qué tratar a los indios como a una especie de seres inferiores. Nunca... y menos aún después de lo visto en aquella ciudad...

Desembarcamos por la noche el oro, las dos cajas, con sumo cuidado y en secreto.

Dije a los indios que prepararan el barco si querían ya volver a su casa. Sabían como conducirlo pues habían aprendido rápido. Partirían por la mañana. Mientras tanto les aconsejé que se quedaran dentro del barco. Yo les llevaría los víveres para su viaje de vuelta, pues no eran del todo bien recibidos por la gente... Tuve que decir a más de uno que eran mis esclavos para que no los cogieran.

Por la mañana, poco después de despedirme de mis amigos indios, Sumaq, Bartolomé y yo nos pusimos a buscar por el mismo puerto un barco con rumbo a España o Lisboa, encontrando al poco uno de pieles portugués que partiría por la tarde. Mientras llegaba la hora de partir nos fuimos a comer. Después de esto, vi un papel, clavado en la puerta de una casa, sobre la venta de unas tierras. El propietario de las mismas era el mismo que el de la casa donde estaba clavado el papel, un hombre muy amable, por cierto. Eran muchos acres, pero eran tierras medio abandonadas y había que trabajarlas. Se las compré con el oro traído de las Indias, no porque realmente me interesara, sino para seguir con el plan del hacendado. Contraté algunos empleados que me sugirió el anterior propietario, al cual nombré administrador de mis nuevas propiedades.

—Yo —le dije— tengo que regresar a España por un asunto.

Le prometí que volvería pronto a hacerme cargo en persona de las mismas.

Ya de tarde, nos embarcamos rumbo, directamente, hacia España. Tuvimos mucha suerte.

Tenía ganas de volver a ver a mi madre, sacar a mi padre de su injusta cárcel y, por supuesto, vengar nuestro honor.

El viaje de vuelta fue realmente una pesadilla. A mitad de camino nos quedaban pocos víveres pues no se habían comprado los suficientes. El pobre Bartolomé vomitaba por la borda cada dos por tres, era un viaje en barco demasiado largo para él. Sin embargo, Sumaq estuvo tranquila todo el viaje, no vomitó ni una sola vez. Tuvimos tormentas que un poco más y nos sacan de nuestra ruta. Aun así, dimos gracias a Dios, pues por lo menos siempre quedaban a bordo las ratas para comer.

Llegamos al puerto de Sevilla bastante débiles por la travesía. Desembarcamos y dejé a Sumaq, Bartolomé y a Martín en una posada, distinta ésta a la de la última vez, y fui rápidamente a casa del tío Carlos, de noche, por si acaso, pues tal vez lo revuelto por el caracortada para capturarme pudiera salpicarme. Según iba por las calles, miraba a cada lado de la misma con nerviosismo. Llegué a la casa y llamé a la puerta. No parecía haber nada extraño. La puerta se abrió delante de mí y pude ver a mi tío sano y salvo. ¡Qué alivio!

En cuanto me vio, mi tío esbozó en su cara una dulce sonrisa pero al poco rato se derrumbó en llantos. Me acerqué a él y le di un abrazo, cerré la puerta, por si había mirones. Le acompañé hasta la primera silla que encontré. Mi tío, después de enjugarse las lágrimas, sólo acertaba a decir:

—¡Has vuelto! ¡Has vuelto!

Yo le contestaba con ternura abrazándole poco después de nuevo. Le pregunté por Isaac. Me miró con ojos tristes, agachó la cabeza y la movió en sentido negativo.

—¿Muerto?

Me contestó con un simple sí, apenas perceptible al oído.

—Y enterrado por mí —sentenció.

—¿Cómo murió?

—Torturado. Él mismo me lo contó antes de morir, después de que lo soltaron... Debió ser horrible...

Luego me preguntó por el hijo de Isaac. Esta vez la mala noticia tenía que darla yo. Al oír el nombre de Ezequiel, me entristecí tanto o más que mi tío al hablar de la muerte de su amigo. Intenté ser fuerte para contarlo, pero no pude controlar algunas lágrimas que, casi darme, cuenta cayeron por mis mejillas. Contesté que murió ayudándome con el caracortada.

—Antes de marcharme de allí, los nativos me dijeron que habían encontrado su cuerpo, el cual una noche enterramos —le dije.

—Una pena... dos bellas personas. A las buenas personas se les reclama antes en el cielo, a los malos parece que cada vez menos en el infierno... debe de estar atestado —comentó mi tío.

Estuvimos largo rato conversando sobre todo lo hecho y visto allí en las Indias, la gente traída por mí de allá y mis planes de venganza.

Se sintió feliz de lo contado, sobre todo por mi gran «descubrimiento» de la ciudad y de mi prometimiento con la hija del jefe de la misma, a la cual quiso conocer en cuanto fuera posible. De lo que ya no estaba tan de acuerdo era al oírme hablar de mis planes de venganza. Intentó convencerme para no revolver más la cosa. «Ya han habido bastantes muertes, demasiada sangre derramada». Sólo regresar al pueblo, visitar a mi padre hasta su liberación y abrazar a mi hermana y madre. Como si no hubiese ocurrido nada, vamos. Lo intentó, incluso hasta hacérmelo jurar... No sirvió de nada... Juré, pero sin más...

Esa misma noche fui a la posada a buscar a Sumaq Tika y los demás para llevarlos a que conocieran a mi tío. Le presenté a Sumaq, a Bartolomé y a Martín. Después de las presentaciones, al ser algo tarde, nos pusimos a cenar, teniendo durante la misma una conversación entretenida. Mi tío, hombre curioso, preguntaba y preguntaba sobre aquellos parajes. Nosotros le contestábamos gustosamente, sobre todo Sumaq. Al acabar la cena, ella quiso recoger la mesa, pero mi tío se lo impidió, diciendo que descansaran y fueran a dormir pues él se encargaría de recogerla más tarde. Sumaq me esperó por si me iba yo también a dormir, aunque le dije que no se preocupara y que descansara, que había sido un día muy largo y que yo iría enseguida. Bartolomé y Martin dieron las buenas noches, marchando a las habitaciones señaladas por mi tío poco antes de cenar.

Yo, como dije a Sumaq, me quedé un rato más con mi tío a charlar. Lo primero que me dijo fue lo mucho que se había sorprendido al oír hablar tan fluido el español a Sumaq y Bartolomé, preguntándome si se lo había enseñado yo.

—No... Fue gracias a De la Cosa, según me contaron allá.

—Interesante todo lo dicho por esa gente.

Hizo una pausa y siguió diciendo:

—Ten cuidado a quién le cuentas todo eso... Ya conoces algo del mundo en el que vives.

Yo asentí agarrándole por el hombro, pues estábamos sentados uno al lado del otro, en signo de tranquilidad. Para acabar la noche y antes de irnos a la cama, me aconsejó de nuevo:

—Ten cuidado también con esa venganza tuya, no quiero conocerla, si fallas acabarás como tu padre, o puede que peor aun. Ten cuidado, ¿eh?

Asentí.

—Por cierto, muy bella la mujer, te felicito.

Esta vez sonrió, me tiró de la oreja y nos dimos las buenas noches.

A la mañana siguiente partiría a Colindres, volvería a ver a mi familia, a recuperar su honor... Perdóname, tío Carlos.

Nos despertamos temprano y fui solo a coger algo de comida y de beber, llevándoselo a la posada sigilosamente. Al poco de eso, nos dirigimos al puerto. Tuvimos suerte pues había para escoger muchos barcos que iban al norte de España haciendo escala en Lisboa, aunque sólo uno en realidad iba a mi tierra. En ese subimos, por tradición de mi parte, *in estrangis*, al atardecer.

Salimos del puerto sevillano e hicimos escala en Lisboa. No desembarcamos, había que seguir teniendo cuidado. El barco bajó mercancías, cogió nuevas junto con suministros, y a las dos horas volvimos a partir, esta vez con rumbo, por fin, a mi tierra. Llegamos en unos pocos días al puerto de Santoña.

De allí a mi pueblo, andando, paramos cada cierto tiempo para comer y descansar en pleno campo. Al fin en mi pueblo, sólo pensaba en volver a ver a mi familia, así que me dirigí como una flecha a mi casa. Cuando llegamos delante de la puerta, llamé respirando profundamente. «¡Estoy en casa!», me decía.

Abrió mi misma mi hermana vestida toda de negro. Qué extraño. ¿Quién habría muerto? En un principio no me reconoció, pues mi barba ocultaba algo mi rostro.

—¡Soy Juan, hermanita!

Su cara triste se iluminó. «¡Juan, has vuelto!», exclamó. Me abrazó y se puso a llorar después. Le presente a los demás, haciéndonos pasar al poco dentro de la casa.

Allí me informó de la situación. Pregunté por mamá, contestándome ella que estaba haciendo unas cosas pero que volvería enseguida. Me quedé más tranquilo, el luto me daba para pensar... Mi tranquilidad duraría poco lamentablemente. Pregunté por mi padre... Se echó a llorar...

—Papá... —se quedó pensativa un momento como si ya intuyera mi reacción— Papá ha muerto hace unos días.

Me vine abajo, literalmente hablando... Creo que en ese momento no me corrió la sangre por las venas...

—¿Qué pasó?

—Muerto a consecuencia de las torturas en prisión... Pero no consiguieron sonsacarle nada, ¡nada! —me contestó llorando.

La abracé con todas mis fuerzas... Así estuvimos unos segundos. Apenas lloré yo, pero no por no sentirlo, pues claro que sentía el dolor hondamente clavado en mi alma. «¡Cuántas muertes!», pensaba mientras seguía abrazando a mi querida hermana. «Primero Ezequiel... y ahora mi padre amado»... Pero, como decía, apenas lloraba. Mis ansias de venganza habían aumentado, si hubiera tenido delante en ese momento a algunos de los acusadores de mi padre, amigos del maldito caracortada, les hubiese matado como hice con aquel, sin juicios previos, pero el pensamiento de mi plan hizo que me relajara un poco, si cabía. Al poco rato de dejar de abrazarnos y enjugar sus lágrimas, volví para presentarle a mis acompañantes. Casi al momento se hizo muy amiga de Sumaq.

Después, expliqué a mi hermana el plan a llevar a cabo contra los calumniadores y ahora asesinos de mi padre. No podían quedar impunes todas esas desgracias que habían caído encima de ellos por su culpa. Mi hermana se asustó un poco al principio con mis deseos de venganza pero luego, a medida que yo le hacía ver las cosas, cambió de opinión. Me dejó caer que había que ser cautos.

—Lo único que les interesó desde el primer momento —me dijo— fue el control del pueblo, y a gente como doña Pilar y su marido, ir a la Corte a besar todos los días los pies al rey... La envidia de todos hacia nosotros les enceguece.

Tranquilicé a mi hermana y empecé al día siguiente con mi plan.

Por la noche regresó mi madre. Al principio no me reconoció, pero ya no sería por la barba, pues estaba afeitada, y sólo me había dejado un bigote.

—Es imposible que te reconozca —me dijo mi hermana—. Ha perdido algo la cabeza al no poder asimilar la muerte de papá.

Abracé a mi madre. Ella me miraba, extrañada, con una mirada perdida que me asustó. Cenamos todos.

No le presenté a los demás, pues hubiese dado igual, apenas se habría enterado. Durante la cena observaba continuamente a mamá con pena. Le había dicho mi hermana que éramos unos parientes de papá de visita unos días. Carlota intentó decirle quién era yo, que había regresado, pero siempre decía lo mismo:

—¿Juan? ¿Quién es Juan?

Ya todos en la cama, repasé el plan cuya ejecución emprendería al día siguiente. Sin embargo, no pude hacerlo por mucho tiempo: el dolor sentido en mi corazón era muy fuerte. El ver cómo había quedado mi familia: mi padre muerto, mi madre con su cabeza perdida, Ezequiel e Isaac muertos... Apenas pude pegar ojo esa noche.

A la mañana siguiente empezó todo. Vestí bellas ropas compradas en Sevilla dignas de todo un noble, el gran bigote ocultaría mi rostro. Debía comprar tierras en la zona para dar impresión de ser un rico terrateniente. Compré unas en lo alto del pueblo, con una bella casa, ricas tierras, en las que planté todo tipo de hortalizas.

Paseé por las calles con Sumaq, presentándome a todos. Nadie, gracias a Dios, me reconoció. Así hasta despertar la curiosidad de mis presas. Mientras yo hacía aquel papel, mandé a Martín a la Corte con su testimonio escrito de la denuncia y con unas cuantas monedas de oro, por si tenía que cambiar de opinión a alguna alma caritativa.

Al poco tiempo de instalarme en la nueva casa y demás, celebré una gran fiesta a la que invité a la mayoría de la gente del pueblo. Nunca antes, no, por supuesto, ni después, derrocharía como en esos días el dinero traído de las Indias, pero en ese momento era lo más apropiado atraer a mis presas y luego, gracias al testimonio de Martín, llevarlos a un tribunal. Quería que ante todo el pueblo fueran señalados y condenados por lo hecho a mi familia.

Los sujetos en cuestión fueron casi los primeros en llegar. Tuve suerte de que doña Pilar y su marido no hubieran marchado a la Corte ya, pues según había oído, estaban a la espera de la llamada del rey. Yo, haciendo mi papel, me presenté como Don Hernando de San Gerardo, un terrateniente que venía al pueblo a comprar terrenos cultivables. Ninguno me reconoció y yo proseguí con mi papel.

Asumí una actitud de mucha seguridad en mi mismo, un poco altanero, e incluso rozando el afeminamiento, podría decirse, para dar muestras de ser una persona completamente diferente al Juan del pueblo.

En estos momentos, recordando aquellas escenas, me rio de mi mismo pues solté la biografía de una persona inventada como si existiera de verdad. Más de una vez tuve que hacer un pequeño carraspeo de garganta para que no vieran mi risa... No me lo creía ni yo, vamos.

Sumaq, con ropas europeas, radiante —todo hay que decirlo—, me acompañaba para ayudarme con mi farsa hasta la llegada de Martín, que como ya dije, poco después de llegar al pueblo le había enviado a donde el rey.

Me inventé la historia de que había estado en Italia combatiendo a los franceses y después a los corsarios berberiscos. Un poco más y les digo que hasta fui al mismo infierno a combatir contra el mismo diablo... Disfrutaba engañándoles, me relamía por dentro sabiendo lo que ocurriría cuando llegara Martín con algún agente del rey. Por lo menos eso esperaba...

Acabados los bailes, hice lanzar unos fuegos artificiales jamás antes vistos en el pueblo. Todos quedaron maravillados... Me sorprendí de mi mismo. Quemaba cartuchos, valga la ironía, para hacer tiempo... nada más.

Justo cuando empezaba a quedarme sin cohetes, y sin ideas, ya entrada la noche, recibí una carta, alcanzada por un mayordomo contratado. En ella, Martín me decía que había conseguido «milagrosamente» hablar con el propio rey. Me relataba también que ya estaba en el pueblo, concretamente en el puesto de guardia con unos letrados de Valladolid, provenientes de una comisión investigadora enviada por el propio rey Carlos para ver lo ocurrido allí. «Llegaré en breve donde ti con los letrados reales», acababa el mensaje.

Me alegré de ello, pero no lo exterioricé. Martín había conseguido ser mi ángel de la guarda. Alargué algo más la fiesta. Hice que reunieran a todos alrededor mío para contarles una historia, la de un muchacho al que habían quitado a su padre y, casi se podía decir, también a su madre... Mi historia, vamos...

Cuando mis presas empezaban a ponerse nerviosas, a acercarse entre ellos y a hablar en voz baja, seguramente preguntándose quién sería yo en realidad, apareció Martín con los letrados reales.

—¡Abran paso en nombre del rey! —ordenó en voz alta Martín.

Mis víctimas se giraron casi al mismo tiempo para mirar lo que era aquello: el emblema del rey en las ropas del letrado. Más de uno, entonces, empezó a temblar, y cuando aquél desenrolló un papel sellado y comenzó a leer los nombres de los que debían ser llevados ante un tribunal por los actos descritos en ese mismo documento, intentaron salir de allí corriendo, empujando todo lo que encontraban a su alrededor para huir lo más rápidamente posible.

No llegaron muy lejos pues unos guardias que venían con Martín y los letrados les echaron el guante metiéndoles en una gran jaula tirada por dos caballos. Mientras, el alcalde lanzaba improperios. En la misma jaula estaba ya el «eficaz» jefe de policía también. Había salido todo bien.

Los del pueblo me terminaron por reconocer y algún amigo de la familia se acercó y me abrazó susurrándome al oído un «tu padre ha sido vengado». Hasta que no fueran juzgados y condenados yo no le podía dar la razón completamente.

Pero finalmente así fue.

Les cayeron quince años de prisión en Valladolid y al jefe de la guardia se le envió al garrote por los torturas infligidas a mi padre y otras cosas que fueron saliendo por ahí y que habían provocado la muerte de varias personas sin apenas saberlo nadie.

Descubrimos sus fosas en el pueblo, cerca del puesto de guardia donde tiraba los cuerpos de sus torturados. Entre ellos estaba, lamentablemente, el de mi padre. Mi hermana, al verlo, se me agarró y rompió a llorar.

Me quedé en el pueblo unos años, viviendo en la nueva casa con Sumaq, mi hermana, mi madre y Baltasar. Martín volvió a su tierra al poco de mi venganza. A petición popular, quisieron que fuera su nuevo alcalde, cosa a la que inicialmente me negué, aunque luego, ante su insistencia, accedí.

Uno de los momentos más felices de esos días allí fue tu nacimiento. Después de un tiempo, y hasta que fueras ya algo mayor para viajar, dejé el puesto y, no sé si te acordarás, con tu madre y Bartolomé decidimos volver todos a las Indias. Salieron a despedirnos casi todo el pueblo, Nunca lo olvidaré. Estaba también Carlota, que no quiso ir con nosotros. Le prometí visitarla de vez en cuando y le di la casa y las tierras que había comprado.

Llegamos allá y nos dirigimos a la ciudad... Lo demás ya lo conoces, hijo mío... Sólo queda decirte, Ángel, que me despido de ti, pues voy a hacer un largo viaje, no por este mundo, sino al mundo de los «dioses del cielo». Atravesaré aquella puerta, quiero conocerles, junto con todo su mundo, sus conocimientos y, si le encuentro, a De la Cosa también. Te lego estas memorias que te serán entregadas por tu madre cuando lo crea conveniente, cuando puedas comprender su contenido. Cuida de ella por mí.

Adiós, hijo mío... o hasta luego...

Tu padre, Juan.

* * *

Juan nunca regresó. Su hijo ya de adulto, poco después de morir su madre, atravesó él también la puerta en busca de su padre, junto con todos los habitantes de la ciudad, huyendo de los conquistadores. Estos sólo se encontraron con una ciudad fantasma.

Nunca encontraron ni los túneles subterráneos, ni mucho menos la puerta. Se centraron en llevarse todo el oro de los templos.

Posiblemente eso salvó la puerta.

Nunca sabremos si tanto el padre como el hijo encontraron lo que buscaban... pero su nieto no olvida su historia y la mantendrá en secreto «dentro de su familia», hasta que la humanidad esté preparada para oírla, porque, al fin y al cabo, sigue habiendo hoy en día gente como el caracortada.

